金牌月嫂教你做营养月子餐

赵海霞　编著
妇产科主治医师、高级育婴师指导师

中国纺织出版社有限公司

图书在版编目（CIP）数据

金牌月嫂教你做营养月子餐 / 赵海霞编著 . -- 北京：中国纺织出版社有限公司，2020.5（2023.4 重印）

ISBN 978-7-5180-6303-1

Ⅰ. ①金… Ⅱ. ①赵… Ⅲ. ①产妇-妇幼保健-食谱 Ⅵ. ①TS972.164

中国版本图书馆 CIP 数据核字（2019）第 119951 号

策划编辑：樊雅莉　　责任校对：王花妮　　责任印制：王艳丽

中国纺织出版社有限公司出版发行

地址：北京市朝阳区百子湾东里 A407 号楼　邮政编码：100124

销售电话：010 — 67004422　传真：010 — 87155801

http://www.c-textilep.com

E-mail:faxing@c-textilep.com

中国纺织出版社天猫旗舰店

官方微博 http://weibo.com/2119887771

北京通天印刷有限责任公司印刷　各地新华书店经销

2020 年 5 月第 1 版　2023 年 4 月第 3 次印刷

开本：710×1000　1 / 16　印张：12

字数：116 千字　定价：49.80 元

前言

月子里调理好身体、让体质升级是女人的第二件终身大事!

女人历经十月怀胎和生产，耗损了很大的元气，需要在月子里修补、调养、重塑。健康科学、有规划地调补不仅有利于日后身材的恢复，还能把之前身体的一些小毛病及时调整好，不会落下月子病，最大限度地让体质升级。

那么，怎样才能让新妈妈进行“健康科学”“有规划”的调补呢？这其实涉及能否把握好调补节奏的问题，要“张驰有度、和缓有力”。

为此，我们推出 8 周月子调养餐，依据产后新妈妈每周的身体恢复情况，进行合理膳食、规划性、针对性的调补：

第 1 周，元气耗损，亟待复原，但又不能操之过急，应稳扎稳打，打好根基，调补第一步才算成功，后续的调补才可以顺利进行。故而制定“复原餐”计划，让新妈妈在清淡轻食的基础上，调理脾胃、补益气血。

第 2 周，脾胃刚刚调理过来，但还不能马上进补，处于由温补向进补的过渡阶段，同时，这周是子宫恢复、恶露排出的关键时期。故而制定“过渡餐”计划，荤素按“1 ：3”比例搭配，本着“小补宜身”的原则，让本周的调补起到承前启后的作用，为后续的温补做好铺垫，并兼顾促进子宫恢复及恶露排出的调理。

第 3 周……

除了每周的调养餐计划，还为产后有某些特殊病症的新妈妈制定了饮食、生活调理重点，帮助新妈妈尽快从身体不适中解脱出来，以进行正常的调理计划。

月子里吃得对、吃得合理，会受益一生，与此同时，新妈妈要保持轻松愉快的心情，担当起生命中重要并令人骄傲的角色——母亲。在此，祝所有妈妈和宝宝都健康、快乐!

赵海霞

2019.10.31

目录

CONTENTS

第1章 产后第1周复原餐

清淡轻食，调脾胃、补气血

产后第 2 周过渡餐
荤素 1：3，促进子宫收缩

产后第 3 周催乳餐

增加汤品，疏通乳腺，提高乳汁质量

产后第 4 周强体餐

全面均衡，补充体力

产后第 5 周养肾餐

食材“重色”，促进腰肾功能恢复

产后第 6 周滋补餐
滋补养身，恢复完美状态

产后第 7 周美肤餐
摄入果蔬胶原，让肌肤更弹、更润

产后第 8 周瘦身餐

控热多纤，让身材苗条如初

缓解产后不适的特效月子餐

南方坐月子优选食材

南方气候比较湿热，因此坐月子食材跟北方还是有很大区别的，一般来说，主要有米酒、红菇、黄花菜、线面、茶油。

米酒

营养丰富，含碳水化合物、维生素 B_1、维生素 B_2 等，有助于益气、活血、消肿、散结等，适合坐月子妈妈通乳下奶食用。

黄花菜

营养丰富，含有碳水化合物、蛋白质、维生素 C、脂肪、胡萝卜素等人体必需的营养成分，对产后乳汁不下等有很好的食疗功效。

红菇

被认为是“南方红参”，鸡、鸭、蛋、猪肚、猪排骨等常搭配红菇炖在一起，颜色丰富，汤甜味美。

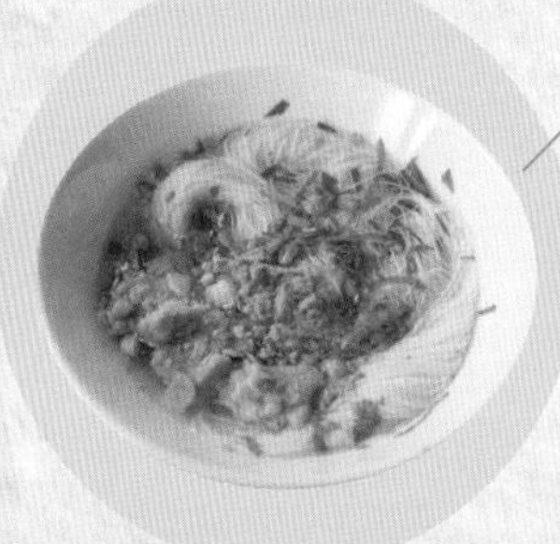

线面

采用优质面粉加盐等辅料做成的一种面食，色泽洁白，线条细匀，口感柔润香爽。在南方，坐月子时常食，配上鸡汤、蛋酒，被称为“诞面”。

茶油

含有丰富的维生素 E、维生素 D、维生素 K、胡萝卜素和微量的黄酮、皂素等物质，月子里常食茶油，可以促进乳汁分泌，提高机体免疫力。

北方坐月子优选食材

小米、鲫鱼、鸡蛋、挂面、阿胶、红枣，是北方妈妈坐月子必备的食物。尤其是黄澄澄的小米粥，在整个月子期都会食用。

小米

小米熬制成粥营养丰富，有“代参汤”的美称。小米中含铁、维生素、膳食纤维等，所以很受北方新妈妈的喜爱。

阿胶

阿胶有补血止血、滋阴润燥的功效，是新妈妈坐月子补血最为“给力”的食物。阿胶可较快地补充气血、增进食欲、调理气血，是新妈妈产后恢复的必备之品。

鸡蛋

鸡蛋营养全面，含有人体必需的18种氨基酸，且容易被人体吸收，能满足新妈妈的需要，新妈妈每天食用1～2个为宜。

红枣

红枣含有蛋白质、脂肪、碳水化合物、有机酸、维生素A、维生素C、钙等多种营养成分，能提高人体免疫功能，对产后体虚的人有很好的滋补作用。红枣中富含钙和铁，对产后贫血的食疗效果是药物所不能比拟的。

鲫鱼

众所周知，鲫鱼有通乳催奶的作用，民间常给产后新妈妈炖食鲫鱼汤，帮助身体恢复、促进乳汁分泌。

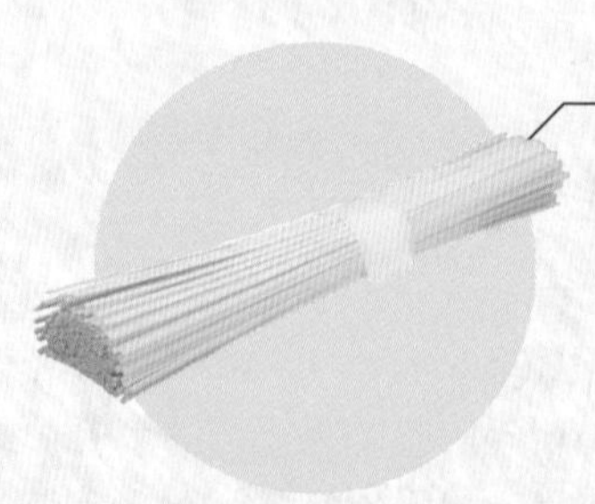

挂面

主要以小麦粉加盐、碱、水经悬挂干燥后切成一定长度的干面条。新妈妈常食，可以补充基础能量，且容易被人体吸收，所以是北方坐月子必备佳品。

第1章

产后第1周复原餐

清淡轻食，调脾胃、补气血

★ 新妈妈的身体状况 ★

乳房	新妈妈回到病房后，小宝宝也会被送到新妈妈面前，这时小宝宝就开始噘起小嘴准备吸吮乳头，但有些新妈妈会面临没有乳汁的情况，这很正常，不用着急，大部分新妈妈都是在产后1～3天才会有乳汁分泌。
恶露	分娩后新妈妈会排出类似“月经”的东西（含有血液、少量胎膜及坏死的蜕膜组织），这就是恶露。产后第一周是新妈妈排恶露的关键期，开始为鲜红色，几天后转为淡红色。
骨盆	骨盆主要的功能是支撑身体的结构，同时保护子宫和膀胱。构成盆状底部的是一层肌肉，称为盆底肌肉。不管顺产还是剖宫产，新妈妈在生完孩子后骨盆都会变大。从坐月子起，骨盆肌肉张力会逐渐恢复，水肿和淤血也会渐渐消失。
子宫	子宫可以说是母体在怀孕、分娩期间体内变化最大的器官，它可以从原来的50克一直增长到妊娠足月时的1000克。从分娩结束开始，子宫会慢慢回缩，但要恢复到孕前大小，至少需要6周左右的时间。
肠胃	孕期受到子宫压迫的肠胃终于可以恢复到原来的位置了，但功能要想恢复还是需要一段时间的。产后第1天新妈妈的食欲都会比较差，不宜大补，也不能喝太多牛奶，否则容易导致胀气，不利于肠胃系统的恢复。

金牌月嫂温馨叮咛

哺乳也能促进子宫收缩

子宫想恢复到产前的大小，就需要更加有力的收缩，这种宫缩在哺乳时尤其明显，因此，产后坚持母乳喂养也是促进子宫恢复的好办法。因为女性的乳头和乳晕上有丰富的感觉神经末梢，宝宝的吸吮刺激通过这些感觉神经末梢传入脑部的垂体后叶，会促进缩宫素的合成，从而反过来促进子宫肌肉的收缩，加速子宫的恢复。

扫一扫，看视频

饮食重点

喝藕粉汤、粥等流食

剖宫产的新妈妈排气后才能进食，顺产的新妈妈，如果有胃口，在生产结束2小时后就可以进食（分娩后，如果新妈妈特别饿，2小时内也是可以少量进食的）。不论哪种生产方式，产后的新妈妈气血损耗大，生产过程中出汗较多，在可以进食时都要选择营养好、易消化的流质食物，以免对胃肠造成负担，同时还能为身体补充水分，如甜藕粉、小米粥等。

小米粥要软烂

小米粥营养丰富，有“代参汤”的美称，我国北方很多地区都有产后用小米调养身体的传统。产后第1天，新妈妈的胃口没有恢复，加上身体比较疲惫、肠道消化功能较弱，多吃小米粥能够帮助恢复体力，刺激肠胃蠕动，增进食欲，还能补虚损、益丹田。小米除了可以直接煮粥外，还可以加入红枣、桂圆、花生等同煮。

一天5~6餐为佳

产后新妈妈的胃肠功能还没有恢复正常，一顿不要进食太多，以免加重肠道负担，可少吃多餐，一天可吃5～6餐。

没下奶前，千万不要喝下奶汤

产后让宝宝尽早吸吮乳房，容易让乳腺管畅通，而乳腺管畅通了也就下奶了。有些妈妈经过宝宝吸吮就会下奶，有些妈妈则会出现乳房肿胀、发热等，这属于生理现象，发热一般不会超过38℃。这时多让孩子吸吮，不要盲目找开奶师。如果在妈妈没有下奶之前，乳腺管还没有彻底通畅就大量喝下奶汤，会导致乳汁一下子出来但宝宝吃不完，反而造成乳腺管堵塞，出现乳房胀痛，甚至诱发乳腺炎。所以没下奶之前，千万不要随意喝下奶汤。

金牌定制月子套餐

顺产妈妈一日菜单

早餐 7：00～8：00

小米粥 1 碗

糖水煮荷包蛋 1 个

加餐 10：00

切片面包 2 片

午餐 12：00～12：30

软烂面条 1 碗

加餐 15：30

萝卜水 1 碗

晚餐 18：00～19：30

蛋花汤 1 碗

蛋黄包 2 个

加餐 21：00

红枣桂圆粥 1 碗

剖宫产妈妈一日菜单

早餐 7：00～8：00

蒸蛋羹 1 碗

加餐 10：00

冲藕粉 1 碗

午餐 12：00～12：30

花生红枣小米粥 1 碗

加餐 15：30

藕粉粥 1 碗

晚餐 18：00～19：30

小米汤 1 碗

加餐 21：00

蛋花汤 1 碗

金牌月嫂美食厨房

小米粥 促进肠胃恢复

材料 小米 60 克。

调料 蜂蜜、桂花酱各适量。

做法

1 将小米淘洗干净。

2 锅置火上，倒入适量清水烧开，放小米大火煮沸，再转小火，煮至小米开花，加入蜂蜜、桂花酱调味即可。

功效 小米非常适合产后妈妈食用。小米富含 B 族维生素，对于产后气血亏损、体质虚弱的新妈妈有很好的补益作用，还能健脾开胃、促进睡眠。

糖水煮荷包蛋 滋补气血

材料 鸡蛋 1 个，红糖 20 克，红枣 2 枚。

做法

1 红枣洗净，去核。

2 锅置火上，放入红糖、红枣和适量清水，打入鸡蛋，煮约 10 分钟即可。

功效 鸡蛋、红糖有疗虚进补作用，适宜产后新妈妈调养食用。

五红汤

补气养血

材料 红枣10克，红皮花生10克，红豆20克，山楂5克，红糖3~5克。

做法

1. 红豆和红皮花生清洗一下，浸泡3个小时；红枣清洗后去核。
2. 将红枣，红豆和花生放进电饭锅里，加适量清水，按煲汤键炖煮1个半小时。
3. 1小时后加入山楂。最后加入红糖，待溶化即可。
4. 将煮好的汤倒入杯中，温时饮用，早晚各一杯。

五红汤具有益气补血、健脾暖胃、缓中止痛、活血化瘀的作用，能渐复正气，提高机体免疫力。

藕粉羹 气血双补

材料 藕粉 50 克，蜂蜜 30 克。

做法

1 将藕粉倒入碗中，加适量清水调匀待用。

2 将调好的藕粉倒入锅内，用微火慢慢熬煮，边煮边搅拌，注意不要粘锅，直至呈透明糊状为止。

3 停火后凉至 60℃以下加入蜂蜜拌匀即可。

功效 藕粉可养血益气、健脾开胃、清热。

桂圆红枣粥 滋补气血

材料 桂圆肉 20 克，红枣 15 克，糯米 60 克。

调料 红糖 5 克。

做法

1 糯米淘洗干净，用冷水浸泡 2 小时；桂圆肉去杂质，洗净；红枣洗净，去核。

2 锅置火上，加入适量冷水煮沸，加入糯米、红枣、桂圆肉，用大火煮沸，再用小火慢煮成粥，加入适量红糖即可。

功效 桂圆含有能被人体直接吸收的葡萄糖，适宜体虚者。红枣可以补气养血，搭配糯米煮粥可以滋补气血。

饮食重点

吃软烂的面条和蛋汤

产后第2天，新妈妈的肠胃功能尚未恢复，仍然要以清淡、易消化的流质食物为主，此时除了喝粥外，还可以吃点煮的软烂的面条，或喝点鸡蛋汤。

开始喝点红糖水帮助排恶露

产后第2天，恶露开始增多，此时通过食补可促进恶露的排出。这时候可以喝点红糖水，不仅可以补血，而且可以帮助补充碳水化合物，还能促进恶露的排出和子宫的修复等。此时开始一直到产后第12天，可以每天喝1杯红糖水。但不宜长期喝，因为长时间喝红糖水反而会使恶露中的血量增加，继而引发贫血。

正确喝生化汤，调理、排恶露两不误

生化汤能生血祛瘀，帮助排出恶露。生化汤要温热饮用，不宜长时间服用，以7天为宜，不要超过2周。因为分娩2周后，新妈妈的子宫内膜已经开始新的生长期，这时喝生化汤有排瘀血的功效，不利于子宫内膜的新生，容易导致出血不止。不同体质的新妈妈在饮用前最好先咨询医生。若产后血热且有瘀滞的新妈妈不宜饮用；若恶露过多、出血不止的新妈妈也不宜饮用。

饮食稍微有点咸味就行

传统观念认为月子里不应该吃盐，其实月子里不能完全忌盐，当然也不能多吃，以清淡为主。因为产后会有一段利尿期，身体会通过流汗及多尿来排泄掉身体里孕期潴留的多余水分，如果摄取的盐分过多，体内钠离子含量过高，需要水分来稀释，那么人体需求的水分也会相应增加，这就会导致过多的水分滞留在体内，容易引起高血压，所以坐月子期间饮食要以清淡为主，少放盐，尤其是产后1周之内盐更要少之又少。

金牌定制月子套餐

顺产妈妈一日菜单

早餐　7：00～8：00

疙瘩汤 1 碗

青菜煎饼 2 张

加餐　10：00

鸡蛋豆腐羹 1 碗

午餐　12：00～12：30

米饭 1 碗

糯米莲子百合粥 1 碗

红菇炖蒸鸡 1 盅

加餐　15：30

全麦面包片 2 片

豆浆 1 杯

晚餐　18：00～19：30

香菇胡萝卜面 1 碗

加餐　21：00

酸奶 1 杯（温水浸泡）

全麦饼干 2 块

剖宫产妈妈一日菜单

早餐　7：00～8：00

猪肝菠菜粥 1 碗

加餐　10：00

紫米粥 1 碗

午餐　12：00～12：30

奶酪蔬菜蛋汤 1 碗

加餐　15：30

鲜虾蒸蛋 1 碗

晚餐　18：00～19：30

猪血大米粥 1 碗

加餐　21：00

鸡丝粥 1 碗

金牌月嫂美食厨房

疙瘩汤 促进肠胃恢复

材料 面粉 50 克，鲜香菇 30 克，鸡蛋 1 个，虾仁、菠菜各 20 克。

调料 盐 1 克，香油少许，高汤适量。

做法

1 虾仁去虾线，洗净，切碎；鲜香菇洗净，切丁；鸡蛋取蛋清，与面粉、适量清水和成面团，揉匀，擀成厚片，切成小丁，撒入少许面粉，搓成小球；蛋黄打成蛋液；菠菜洗净，焯水，切段。

2 锅中放高汤、虾仁碎、面球煮熟，加蛋黄液、盐、香菇丁、菠菜段煮熟，最后淋香油即可。

猪血大米粥 滋补气血

材料 大米 100 克，猪血 50 克，水发腐竹 35 克。

调料 葱花 5 克，酱油、盐各 1 克。

做法

1 大米、猪血、腐竹分别洗净，猪血切条，腐竹切段。

2 锅内倒水烧沸，加大米煮熟，放腐竹煮熟，再放入猪血煮熟，加盐、酱油调味，撒上葱花即可。

鸡肉有温中益气、活血脉、强筋骨的功效，红菇有滋阴、补肾、活血等功效，经常食用能强身健体。二者搭配，对产后身体恢复极为有益。

强身健体 红菇炖鸡

材料 净土鸡300克，干红菇15克。

调料 姜片8克，盐2克。

做法

1 净土鸡洗净，切小块，放入开水中焯去血水，然后放入锅中，加入适量清水和姜片，上锅炖30分钟。

2 干红菇去蒂，用水泡发，洗净，然后放入炖鸡锅中，继续炖30分钟，加盐调味即可。

鲜虾蒸蛋　补虚健体

材料　鸡蛋1个，鲜虾2只。

调料　盐、葱末各适量。

做法

1 把鲜虾处理干净，取虾仁；鸡蛋打散，加入盐和温水，搅拌均匀。

2 先在容器的内壁上均匀地抹上一层油，然后把蛋液倒入容器，加入虾仁、葱末一起隔水蒸熟即可。

功效　鲜虾和鸡蛋都富含钙质，可补虚健体、通络止痛，适宜身体虚弱、乳汁不通的新妈妈食用。

香菇胡萝卜面　促进消化

材料　拉面150克，鲜香菇、胡萝卜各30克，菜心100克。

调料　盐1克，葱花5克。

做法

1 菜心洗净，切段；香菇、胡萝卜洗净，切片。

2 锅内倒油烧热，爆香葱花，加足量清水大火烧开，放入拉面煮至软烂，加入香菇片、胡萝卜片和菜心段略煮，加盐调味即可。

功效　香菇健脾胃、益气血，与胡萝卜搭配煮面可润肠通便、促进消化，对食欲缺乏的新妈妈有益。

奶酪蔬菜蛋汤

补钙、通乳

材料 西芹100克，胡萝卜50克，面粉、奶酪各20克，鸡蛋1个。

调料 盐、香油各1克。

做法

1 西芹、胡萝卜分别洗净，切末；鸡蛋磕入碗中打散，加入奶酪和少许面粉打匀。

2 锅中加入适量水烧开，淋入蛋液，撒西芹末、胡萝卜末，煮片刻后加盐及香油调味即可。

奶酪含丰富的钙质，可补钙，而且可以增进食欲；搭配鸡蛋、胡萝卜、西芹，补钙的同时又能增加蛋白质和维生素的摄入。

饮食重点

开始喝生化汤排毒

生化汤能生血祛瘀，帮助排除恶露。生化汤要温热饮用，不宜长时间服用，以7天为宜，过久服用会增加出血量。不同体质的新妈妈在饮用前最好先咨询医生。

吃鸡蛋宜煮、宜蒸

鸡蛋是新妈妈月子里必不可少的食物，富含优质蛋白，能够加强营养，促进伤口愈合，还能提高乳汁质量。新妈妈每日食用鸡蛋量不宜过多，以1～2个为宜，并且最好吃白水煮蛋或蒸蛋羹，不宜采用油炸、油煎等方式，以免口感硬，并且影响消化吸收。

继续以粥、蒸蛋等为主，不要大补

产后第3天，新妈妈尚处于身体恢复期，肠道功能也较弱，最好摄入易于消化的流质或半流质饮食，比如小米粥、瘦肉粥、蒸鸡蛋等。比较油腻的、大补的食物仍不宜食用，比如鸡汤。也不要吃刺激性的食物，过酸、过辣都不行。

不要一次性大量喝水

传统观念认为坐月子时不可喝水，其实这种说法是不科学的，产后可以适当喝水来补充身体需要，但最好不要一次性大量喝水，因为产后全身细胞呈松弛状态，若一次性大量饮水容易引起水肿并影响营养物质的吸收。有水肿现象的新妈妈不宜过多饮水，以免加重症状。

金牌月嫂温馨叮咛

多吃些“开心”的食物，可缓解产后抑郁

大部分妈妈在月子初期或多或少会出现产后沮丧的现象，情绪容易波动、不安、低落，常常为一些不称心的事而感到委屈，甚至伤心落泪，影响妈妈自身的恢复和精神状态，并影响正常哺乳。此时妈妈应吃些“开心”食物，有利于缓解产后抑郁，如香蕉、莲藕、葡萄柚等，可缓解压力、除烦、安神。

金牌定制月子套餐

顺产妈妈一日菜单

早餐　7：00～8：00

牛肉小米粥 1 碗

煮鸡蛋 1 个

玉米饼 1 个

加餐　10：00

双耳羹 1 碗

午餐　12：00～12：30

番茄鸡蛋面 1 碗

西芹百合 1 盘

麻油猪肝 1 小碗

加餐　15：30

红薯玉米面糊 1 碗

晚餐　18：00～19：30

红枣莲子粥 1 碗

蒸玉米半根

公鸡汤 1 碗

加餐　21：00

藕粉 1 碗

全麦饼干 2 块

剖宫产妈妈一日菜单

早餐　7：00～8：00

田园蔬菜粥 1 碗

馒头 1 个

煮鸡蛋 1 个

加餐　10：00

红豆鲫鱼汤 1 碗

午餐　12：00～12：30

枸杞红枣粥 1 碗

柿子椒炒鸭片 1 盘

米饭 1 碗

加餐　15：30

牛奶 1 杯

小蛋糕 1 块

晚餐　18：00～19：30

鸡蓉玉米羹 1 碗

炒青笋 1 盘

米饭 1 碗

加餐　21：00

奶香蛋花汤 1 碗

核桃仁 3 颗

金牌月嫂美食厨房

牛肉小米粥　**益气补虚**

材料　小米 100 克，牛瘦肉 50 克，胡萝卜 20 克。

调料　姜末 5 克，盐 1 克。

做法

1 小米洗净；牛瘦肉洗净，切碎；胡萝卜洗净，去皮，切小丁。

2 锅置火上，加适量清水烧沸，放入小米、牛肉碎、胡萝卜丁，大火煮沸后转小火煮至小米开花，加入姜末煮沸，加盐调味即可。

双耳羹　**补铁生血**

材料　干银耳、干木耳各 10 克。

调料　葱花 3 克，盐 1 克。

做法

1 干银耳、干木耳分别用清水泡发，择洗干净，切碎。

2 蒸锅置火上，将银耳碎、葱花和木耳碎放入大碗中，倒入适量清水，入蒸锅，大火蒸 15 分钟，加盐调味即可。

玉米、红薯均属于粗粮，富含 B 族维生素，钾、镁等矿物质含量也很丰富。二者还含有丰富的膳食纤维，能促进肠道蠕动，预防便秘、产后肥胖等。

红薯玉米面糊

预防便秘

材料 红薯 80 克，玉米面 100 克。

做法

1 红薯去皮，洗净，切块，放入锅中，加适量水大火煮沸，转小火熬煮。

2 玉米面中加少量清水，搅匀后倒入煮熟的红薯汤中，待汤浓稠煮沸即可。

田园蔬菜粥 补充维生素

材料 大米100克，西蓝花、胡萝卜各40克。

调料 香菜末3克，盐1克。

做法

1 西蓝花洗净，掰成小朵；胡萝卜洗净，去皮，切丁；大米洗净。

2 锅置火上，倒入适量清水大火烧开，加大米煮沸，转小火煮20分钟，下入胡萝卜丁煮至熟烂，倒入西蓝花煮3分钟，再加入盐、香菜末拌匀即可。

功效 大米粥中添加几种蔬菜，可为剖宫产妈妈补充更多的维生素，改善皮肤代谢功能，促进伤口愈合。

鸡蓉玉米羹 开胃、健体

材料 玉米粒50克，鸡胸肉30克，豌豆20克。

调料 盐1克，水淀粉10克，葱花5克。

做法

1 玉米粒、豌豆分别洗净，沥干；鸡胸肉洗净，切碎。

2 锅内倒油烧热，加鸡肉碎炒散，加入玉米粒、豌豆和适量水煮30分钟，加盐调味，用水淀粉勾芡，撒上葱花即可。

功效 玉米健脾开胃，缓解便秘，也可调节神经系统功能。与鸡肉搭配，可补虚健体。

补充钙质

奶香蛋花汤

材料 奶酪、面粉、西芹、番茄各20克，鸡蛋1个。

调料 骨汤1大碗，盐1克。

做法

1 西芹洗净，切碎；番茄去皮，洗净，切碎；奶酪与鸡蛋一起打散，加面粉搅匀。

2 骨汤烧开，用盐调味，淋入调好的蛋液。

3 最后撒上西芹碎、番茄碎略煮即可。

鸡蛋、奶酪都是富含钙的食物，可以为新妈妈提供钙质，避免乳汁中钙质缺乏。

饮食重点

不要着急喝催奶汤

一般来讲，产后前3天新妈妈分泌的是初乳，初乳的量比较少，这时很多妈妈比较担心宝宝吃不饱而开始大量喝催奶汤。其实催奶汤不要喝得太早，否则会导致涨奶，容易得乳腺炎。

此时可以通过让宝宝多吮吸的方式来刺激泌乳，这样可使奶量慢慢增加。一般产后第4天，新妈妈开始正式分泌乳汁了，也有的会稍晚些。开始泌乳后新妈妈可适应着喝点汤，但要将汤内的浮油去除，以免阻塞乳腺，而且过早进食太多的脂肪也会使乳汁内脂肪含量过高，易引起宝宝腹泻。

不要吃硬的食物

产后新妈妈胃肠功能较弱，加上运动量又小，坚硬的食物不仅会伤害牙齿，而且不利于消化、吸收，容易导致消化不良。新妈妈可以多选择发酵面食，如馒头、花卷等。面粉经过发酵制成馒头是容易消化吸收的，且蓬松易嚼，而且因为发酵，它不只是提供碳水化合物、蛋白质、脂肪，还能提供多种维生素、矿物质及酶类，对产后身体恢复极为有益。

每天早上空腹喝杯温开水

早晨空腹喝温开水可以起到清洁肠道的作用，还能及时补充夜里流失的水分，此外，还能促进胃肠蠕动，防止发生产后便秘，对促进乳汁分泌也很有好处。哺乳妈妈最好在每次哺乳前先喝点温开水，能够促进血液循环，促进乳汁分泌。

金牌月嫂温馨叮咛

优质母乳怎么保证

新妈妈营养充足是泌乳的基础，而食物多样化是营养充足的基础。每日三餐及加餐保证食物多样化，才能达到平衡膳食。

- 谷类、薯类、杂豆类，每天3~5种；
- 蔬菜、菌藻和水果，每天4~10种；
- 鱼禽肉蛋食物，每天3~5种；
- 奶类、坚果类食物，每天2~5种。

金牌定制月子套餐

顺产妈妈一日菜单

早餐　7：00~8：00

红糖小米粥 1 碗

玉米面发糕 1 块

牛肉羹 1 碗

加餐　10：00

益母草煮鸡蛋 2 个

午餐　12：00~12：30

米饭 1 碗

木瓜鲫鱼汤 1 碗

加餐　15：30

山药粥 1 碗

晚餐　18：00~19：30

鸡丝面 1 碗

素炒什锦 1 盘

加餐　21：00

红豆百合莲子汤 1 碗

剖宫产妈妈一日菜单

早餐　7：00~8：00

切片面包 2 片

黑芝麻小米粥 1 碗

木耳腰片汤 1 碗

加餐　10：00

蛋黄大米粥 1 碗

午餐　12：00~12：30

米饭 1 碗

鲈鱼豆腐汤 1 碗

香菇油菜 1 盘

加餐　15：30

香蕉银耳百合汤 1 碗

酸奶（温热）1 杯

晚餐　18：00~19：30

三鲜馄饨 1 碗

什锦鸡翅 1 盘

加餐　21：00

虾仁西芹粥 1 碗

金牌月嫂美食厨房

红豆百合莲子汤　补血、安神

材料　红豆50克，莲子30克，百合5克。

调料　陈皮5克，冰糖少许。

做法

1 红豆和莲子分别洗净，莲子去心，浸泡2小时；百合泡发，洗净；陈皮洗净，切条。

2 锅中倒水，放入红豆大火烧沸，转小火煮约30分钟，放入莲子、陈皮煮约40分钟，加百合继续煮约10分钟，加冰糖煮至化开即可。

益母草煮鸡蛋　补铁生血

材料　益母草30克，鸡蛋2个。

做法

1 将益母草去杂质，洗净，切成段，沥干；鸡蛋冲洗干净。

2 将益母草、鸡蛋下入锅内，加水同煮，10分钟后鸡蛋熟，把外壳去掉，再放入汤中煮15分钟即可。

功效　益母草煮鸡蛋可调理因气血瘀滞所致的产后恶露不止、功能性子宫出血等。

木瓜鲫鱼汤是产后通乳佳品，还能健脾利胃、活血通络，对产后少乳极为有益。

木瓜鲫鱼汤

补虚、下乳

材料 木瓜150克，鲫鱼1条。

调料 盐2克，料酒10克，葱段、姜片各5克。

做法

1 将木瓜去皮除子，洗净，切片；鲫鱼除去鳃、鳞、内脏，洗净，鱼身打花刀。

2 锅内倒油烧热，放入鲫鱼煎至两面金黄，盛出。

3 将煎好的鲫鱼、木瓜片放入汤煲内，加入葱段、料酒、姜片，倒入适量水，大火烧开，转小火煲40分钟，加入盐调味即可。

虾仁西芹粥　预防便秘

材料　大米60克，虾仁50克，西芹80克。

调料　盐1克，料酒、姜末、淀粉各适量。

做法

1 大米洗净，浸泡30分钟；西芹择洗干净，切小段；虾仁洗净，加入料酒、姜末、淀粉和盐抓匀。

2 锅置火上，放入适量水，大火烧开后下入大米煮开，再转小火熬煮约30分钟，至米粒开花时加入虾仁，煮熟后加入西芹段，略滚即可。

功效　粥里加入虾仁和西芹，可以补钙、预防产后便秘。

蛋黄大米粥　增强体质

材料　大米50克，鸡蛋1个。

调料　白糖5克。

做法

1 大米淘洗干净，用水浸泡30分钟；鸡蛋煮熟，取蛋黄放入碗内，研碎。

2 锅置火上，倒入适量清水烧开，放入大米大火煮沸，再转小火熬至黏稠。

3 将蛋黄碎加入粥中，同煮几分钟，再加入白糖拌匀即可。

功效　蛋黄可促进新陈代谢，增强免疫力；大米有和五脏、壮筋骨、通血脉的功效。蛋黄大米粥有助于剖宫产妈妈伤口恢复、增强体质。

鲈鱼豆腐汤

通乳、消肿

材料 鲈鱼1条，豆腐、鲜香菇各50克。

调料 葱花、姜片各5克，盐2克。

做法

1 鲈鱼处理干净，切块，入锅略煎，盛出；豆腐洗净，切片；香菇去蒂，划十字刀。

2 锅置火上，放入适量清水，加入姜片烧开，放入豆腐片、鱼块、香菇，炖煮至熟，撒上葱花，加盐调味即可。

饮食重点

蔬菜和水果不要吃凉的

传统观念认为在月子期间蔬菜和水果要少吃甚至不吃，其实，新鲜的蔬菜和水果富含维生素和矿物质，可以补足肉类、蛋类营养的不足，能开胃、增食欲、润泽肌肤，还能帮助消化及排便，防止产后便秘的发生。因此，产后新妈妈可以适当吃些水果和蔬菜了，但是切记不能吃凉的。

水果要放在常温下食用，甚至可以在温水里泡一泡再吃。食用蔬菜的时候，如果在产后 1 周内则一定要煮得软烂，并且整个月子期都最好不要吃凉拌菜。

牛奶搭配点谷物，助眠效果佳

睡前喝杯温牛奶可改善睡眠，这是医生经常建议的做法，因为奶制品中含有色氨酸—— 一种有助于睡眠的物质。其实，牛奶宜搭配富含碳水化合物的食物（如青稞、燕麦、荞麦、大米、小麦、玉米和高粱等）一起吃，这样可以增加血液中有助于睡眠的色氨酸的浓度，能让牛奶助眠的功效加倍。

不要急于喝老母鸡汤

民间认为，老母鸡营养丰富，是补虚的佳品。从这个角度来说，产后应该多喝老母鸡汤。但现在有另一种说法，认为产后吃老母鸡会造成回奶。理由是分娩后，新妈妈血液中雌激素和孕激素水平大大降低，泌乳素水平升高，才促进了乳汁的形成。而母鸡肉中含有一定量的雌激素，因此，产后立即吃老母鸡会使新妈妈血液中雌激素的含量增加，抑制泌乳素的分泌，从而导致新妈妈乳汁不足，甚至回奶。这个说法目前并无可靠证据证实。但保险起见，产后不用急于喝老母鸡汤，可以先选用其他汤如鲫鱼汤、瘦肉汤等进补。

忌刺激性食物

刺激性食物包括生冷食物、辛辣食物、酸涩食物，产后如果不加限制会影响自身恢复，此外，过硬的食物也不宜食用，否则会伤害牙齿，还会增加肠胃负担。

金牌定制月子套餐

顺产妈妈一日菜单

早餐　7：00～8：00

滑蛋牛肉粥 1 碗
豆沙包 1 个
墨鱼炖胡萝卜 1 碗

加餐　10：00

番茄菠菜蛋花汤 1 碗

午餐　12：00～12：30

米饭 1 碗
香菇油菜 1 盘
豆浆鲫鱼汤 1 碗

加餐　15：30

木瓜牛奶露 1 碗
综合坚果碎 30 克

晚餐　18：00～19：30

什锦面 1 碗
猪血菠菜汤 1 碗
金针菇蒸鸡腿 1 盘

加餐　21：00

荔枝红枣粥 1 碗

剖宫产妈妈一日菜单

早餐　7：00～8：00

奶黄包 1 个
牛奶小米粥 1 碗
开洋白菜 1 盘

加餐　10：00

奶汤茭白 1 碗

午餐　12：00～12：30

米饭 1 碗
花生猪蹄汤 1 碗
麻油猪腰 1 盘

加餐　15：30

玉米胡萝卜粥 1 碗

晚餐　18：00～19：30

绿豆薄饼 1 张
鸡蛋腐竹银耳羹 1 碗

加餐　21：00

鲫鱼豆腐汤 1 碗

金牌月嫂美食厨房

滑蛋牛肉粥　益气强身

材料　牛里脊肉50克，大米60克，鸡蛋1个。

调料　姜末、葱花各5克，盐2克。

做法

1 牛里脊肉洗净，切片，加盐腌30分钟；大米淘净。

2 锅置火上，加适量清水煮开，放入大米煮至将熟，将牛肉片下锅煮至变色，将鸡蛋打入锅中搅散，粥熟后加盐、葱花、姜末即可。

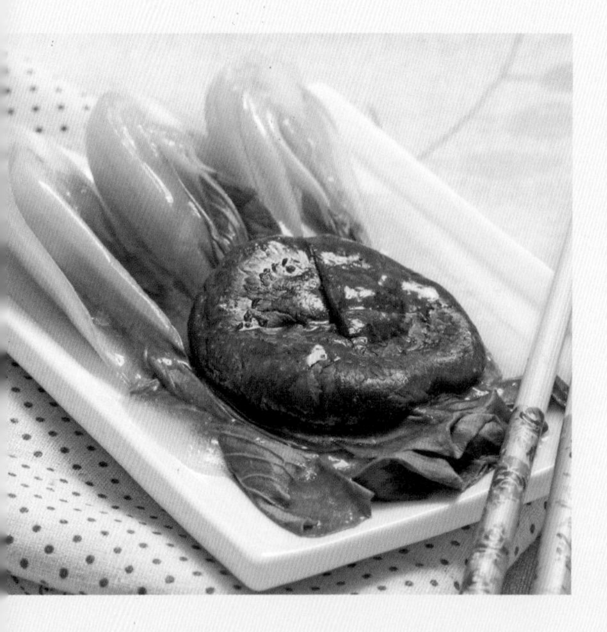

香菇油菜　消水肿、排恶露

材料　油菜200克，干香菇10克。

调料　白糖3克，水淀粉5克，盐2克。

做法

1 油菜洗净，略焯备用；香菇用温水泡发，洗净，去蒂，挤干，划花刀。

2 锅内倒油烧热，放入香菇翻炒，加白糖翻炒至熟，放入油菜略炒，用水淀粉勾芡，加盐炒匀即可。

功效　香菇可提高机体免疫力，油菜可通便、化瘀，新妈妈食用此菜可消水肿，还能促进恶露排出。

鲫鱼有健脾利湿、和中开胃、活血通络、温中下气的功效，对产后脾胃虚弱、水肿有益。鲫鱼与豆浆搭配，可促进身体恢复和乳汁分泌。

豆浆鲫鱼汤

补虚、催乳

材料 豆浆 500 克，鲫鱼 1 条。

调料 葱段、姜片各 15 克，盐 2 克，料酒 10 克。

做法

1 鲫鱼去除鳃和内脏，清洗干净。

2 锅置火上，倒油烧至六成热，放入鲫鱼煎至两面微黄，下葱段和姜片，淋入料酒，加盖焖一会儿，倒入豆浆，加盖烧沸后转小火煮 20 分钟，放盐调味即可。

牛奶二米粥 **养胃、安神**

材料 大米、小米各30克，牛奶60克。

做法

1 大米、小米分别洗净。

2 锅置火上，倒入适量清水煮沸，放入大米和小米，煮至米粒开花，再倒入牛奶，并不停搅拌即可。

功效 牛奶和小米一起煮粥，可安神助眠、健脾和胃、增强身体免疫力。

奶汤茭白 **补钙、通乳**

材料 茭白300克，白菜心100克，牛奶50克。

调料 盐、料酒、葱姜汁各适量。

做法

1 茭白去皮，洗净，切块，焯水；白菜心洗净，切成片。

2 炒锅倒油，烧至六成热时放入白菜心，炒至断生。

3 加入料酒、葱姜汁、盐、牛奶、清水，煮开后放入茭白块，转小火煮5分钟，撇去浮沫即可。

功效 茭白可促进乳汁分泌，奶汤茭白既能帮助新妈妈补钙，又能改善缺乳症状。

鸡蛋腐竹银耳羹

补虚、安眠

材料 干腐竹10克，白果6粒，干银耳5克，鸡蛋2个。

调料 姜片、冰糖各适量。

做法

1 干腐竹泡发，洗净，切段；白果去硬壳，洗净；干银耳用清水泡发，去蒂，洗净，撕成小朵；鸡蛋洗净，煮熟，去壳。

2 砂锅倒入适量温水置火上，放入白果、银耳、姜片和没过食材的清水，大火煮开后转小火煮至汤汁黏稠，放入腐竹煮10分钟，加入冰糖和鸡蛋煮至冰糖化即可。

鸡蛋可养心安神、补虚健体，与腐竹、银耳搭配则效果更佳，对产后体虚、心烦不眠极为有益。

饮食重点

多摄入蛋白质、维生素能促进剖宫产妈妈伤口愈合

剖宫产妈妈的伤口愈合需要大量的营养供给，促进伤口愈合的主要营养素有蛋白质、锌、铁及B族维生素、维生素A、维生素C等。新妈妈可以多吃含优质蛋白质和B族维生素丰富的鸡蛋、鸡肉，含锌丰富的海带、黑木耳，含维生素C丰富的苹果、草莓，富含维生素A的动物肝脏、胡萝卜等。

多吃增强食欲的食物，促进恢复

妈妈产后可能会上火，进而影响食欲，此时应该多吃些增进食欲的食物，以促进身体恢复。

玉米

调中开胃、增进食欲，适宜脾虚、气血不足的新妈妈食用。

番茄

生津止渴、健胃消食，可调理口渴、食欲缺乏。

山药

健脾益胃、助消化，调理脾胃虚弱、食欲缺乏等。

小米

补益脾胃、滋阴养血，调理脾胃虚热、反胃呕吐。

菠萝

消暑解渴、消食止泻。

苹果

健胃开胃、止泻通便。

金牌定制月子套餐

顺产妈妈一日菜单

早餐 7：00~8：00

玉米面发糕 1 块

三丝蒸白鳝 1 盘

当归生姜枸杞牛肉汤 1 碗

加餐 10：00

香菇瘦肉粥 1 碗

午餐 12：00~12：30

海米豆皮黄瓜水饺 1 盘

红豆鲤鱼汤 1 碗

加餐 15：30

牛奶红枣羹 1 碗

晚餐 18：00~19：30

米饭 1 碗

番茄西蓝花 1 盘

加餐 21：00

猪肝蛋黄粥 1 碗

剖宫产妈妈一日菜单

早餐 7：00~8：00

花卷 1 个

鸡肉山药粥 1 碗

木耳炒丝瓜 1 盘

加餐 10：00

醪糟蛋花汤 1 碗

午餐 12：00~12：30

米饭 1 碗

香菜炒猪血 1 盘

清蒸冬瓜排骨 1 碗

加餐 15：30

乌鸡山药红枣板栗汤 1 碗

晚餐 18：00~19：30

番茄鸡蛋面 1 碗

虾仁豆腐 1 盘

加餐 21：00

牛奶红枣粥 1 碗

金牌月嫂美食厨房

香菇瘦肉粥 增强免疫力

材料 大米、猪瘦肉各50克，鲜香菇3朵。

调料 葱花2克，盐1克。

做法

1 香菇洗净，去蒂，切丁；猪瘦肉洗净，切丁，用盐腌渍10分钟；大米淘洗干净，待用。

2 锅加中清水、大米，大火煮沸后，加入肉丁、香菇丁煮沸，转小火煮20分钟，撒上葱花即可。

功效 香菇可增强免疫力，猪肉补中益气，与大米煮粥后营养丰富、好消化，很适合新妈妈食用。

猪肝蛋黄粥 明目、安神

材料 小米100克，猪肝50克，鸡蛋1个。

调料 料酒5克，盐2克。

做法

1 小米洗净；猪肝去筋，洗净，切碎，放入碗内，加料酒、盐腌渍约10分钟；鸡蛋煮熟，取蛋黄，碾成泥。

2 锅置火上，倒适量清水烧开，加小米煮沸，转小火煮至将熟，加猪肝碎、蛋黄泥煮至粥熟烂，加盐调味即可。

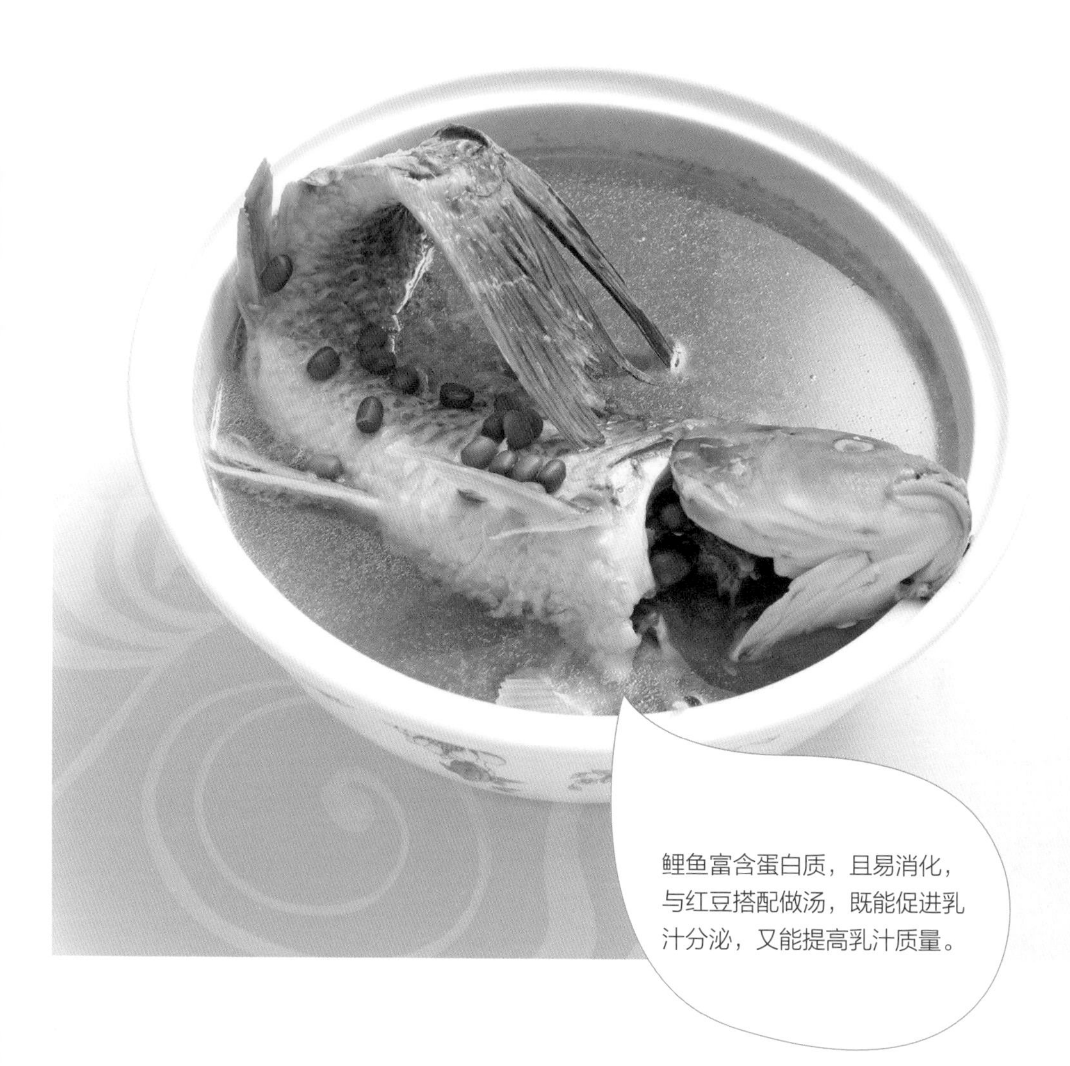

鲤鱼富含蛋白质，且易消化，与红豆搭配做汤，既能促进乳汁分泌，又能提高乳汁质量。

红豆鲤鱼汤

利水、催乳

材料 鲤鱼 1 条，红豆 50 克。

调料 姜片 5 克，盐 2 克。

做法

1 将鲤鱼处理干净，在鱼身上打花刀；红豆洗净，浸泡 30 分钟。

2 将鲤鱼放入锅中，加入适量水，烧开后加入红豆及姜片，继续熬煮至豆熟时，加入盐调味即可。

鸡肉山药粥　补中益气

材料　大米50克，去皮鸡肉40克，山药100克。

调料　盐1克，葱末2克，料酒适量。

做法

1. 山药去皮洗净，切块；鸡肉洗净，切小丁，入沸水锅中焯烫一下，捞出，沥干。
2. 锅置火上，放油烧热，将葱末爆香，先放入鸡丁翻炒，然后加入料酒，翻炒均匀后盛出备用。
3. 大米淘洗干净，放入砂锅中，加适量水，大火烧开，加入鸡丁和山药块，继续烧开后转小火熬煮至粥熟，加盐调味即可。

番茄鸡蛋面　补虚、缓解疲劳

材料　番茄120克，鸡蛋2个，手擀面100克。

调料　盐2克，葱花3克。

做法

1. 番茄洗净，切丁；鸡蛋打入碗中，搅打均匀。
2. 锅内倒油烧热，爆香葱花，放鸡蛋滑散，加入番茄丁翻炒2分钟，加足量水烧开后，放入手擀面煮熟即可。

功效　番茄可健胃消食，鸡蛋可除烦安神、修复受损细胞，二者搭配，有补虚、缓解疲劳的功效。

疙瘩饼丝汤

补虚、易消化

材料 吃剩的饼丝100克，面粉30克，鸡蛋1个。

调料 盐、香油各适量。

做法

1 鸡蛋打散，搅匀成蛋液。

2 锅内加适量清水烧开，将面粉加水搅成稠糊倒入锅中，待汤烧开，加入饼丝，淋入蛋液，用盐调味，淋入香油即可。

疙瘩饼丝汤软烂可口，易消化，又能补虚健体，是由软烂饮食向普通饮食过渡期间不错的选择。

饮食重点

可以开始喝下奶的汤汤水水了

产后第7天，催乳就要被提上日程了，乳汁分泌不好的新妈妈应该想办法催乳了，可以多喝催乳汤。比如鱼头豆腐汤、酒酿蛋汤、花生猪脚汤、排骨汤、海带豆腐汤等。催乳汤的食用量也要因人而异。身体健壮、初乳分泌量较多的妈妈，喝的量可相对较少，以免乳房过度充盈淤积而感到不适。如新妈妈的身体状况不是很理想，乳汁分泌量又比较少，可以适当多喝一些催乳汤。

补充足够的水分和能量

乳汁的大部分成分是水，多喝水不仅可以补充体液的消耗，还能保证乳汁的分泌。同时，新妈妈要及时补充营养以弥补生产中的营养消耗，尽快适应照顾孩子的角色，香蕉、葡萄干等能迅速补充能量的食物可以适当食用，或者疲劳的时候补充一些。

剖宫产妈妈饮食可逐渐恢复正常

产后1周，剖宫产妈妈的精神会好许多，恶露也没有前几天那么多了，颜色也不那么鲜红了，伤口也恢复得差不多了，胃口也好起来了，可以恢复正常饮食了。可以吃鲤鱼、鲫鱼、薏米、白萝卜、南瓜等食物，但是仍以清淡为主，盐也要少放。

不挑食、不偏食胜过大补

很多妈妈这时食欲有所增加，就大肆地吃喝，只要自己喜欢的就疯狂地吃。殊不知，不挑食、不偏食比大补更重要。因为产后妈妈和宝宝均需要均衡的营养，饮食讲究粗细搭配、荤素搭配，这样既可以保证各种营养的摄取，还能提高食物的营养价值，有利于新妈妈身体的恢复。

注意远离回奶食材

需要注意的是，新妈妈一定要远离韭菜、茶叶、炒麦芽、香椿、花椒、醋等易导致回奶的食物。此外，心情抑郁也能导致回奶，如果新妈妈总是愁容满面、容易抑郁，会影响奶水分泌，导致回奶。

金牌定制月子套餐

顺产妈妈一日菜单

早餐 7：00～8：00

鸡肉虾仁馄饨 1 碗

小窝头 1 个

香菇炒肉片 1 盘

加餐 10：00

黑芝麻小米粥 1 碗

午餐 12：00～12：30

二米饭 1 碗

虾仁西葫芦 1 盘

蒜香鲤鱼汤 1 碗

加餐 15：30

鸡蛋芝麻粥 1 碗

晚餐 18：00～19：30

三丁豆腐羹 1 碗

麻油鸡 1 盘

馒头 1 个

加餐 21：00

牛奶 1 杯

全麦面包 1 片

剖宫产妈妈一日菜单

早餐 7：00～8：00

红枣蒸南瓜 1 盘

排骨豆腐虾皮汤 1 碗

白萝卜羊肉蒸饼 1 个

加餐 10：00

豌豆粥 1 碗

午餐 12：00～12：30

小花卷 2 个

胡萝卜牛肉丝 1 盘

什锦蘑菇汤 1 碗

加餐 15：30

煮鸡蛋 1 个

木耳花生黑豆浆 1 杯

晚餐 18：00～19：30

三鲜汤面 1 碗

葱烧海参 1 盘

加餐 21：00

百合粥 1 碗

金牌月嫂美食厨房

鸡肉虾仁馄饨 补虚强体

材料 馄饨皮200克，鸡胸肉150克，虾仁50克。

调料 葱末、姜末、白糖各5克，盐2克，香油、生抽各1克。

做法

1 虾仁洗净，切丁；鸡胸肉洗净，切末，加入虾仁、白糖、盐顺搅成糊，加葱末、姜末、生抽调匀，制成馅料。

2 取馄饨皮，包入馅料，制成鸡肉虾仁馄饨生坯，煮熟。

3 锅中加水烧开，加盐调味，放入煮熟的馄饨，盛入碗中，调入香油即可。

三丁豆腐羹 补虚、补钙

材料 豆腐200克，鸡胸肉、番茄、鲜豌豆各50克。

调料 盐2克，香油1克。

做法

1 豆腐洗净，切成丁，在沸水中煮1分钟；鸡胸肉洗净，切丁；番茄洗净，去皮，切丁；鲜豌豆洗净。

2 将豆腐丁、鸡肉丁、番茄丁、豌豆放入锅中，大火煮沸后转小火煮10分钟，加盐调味，淋上香油即可。

大蒜含有大蒜素，具有很强的杀菌作用，有助于预防流行性感冒、痢疾等；蒜香鲤鱼汤可以促进新妈妈乳汁分泌，预防肠道传染病。

蒜香鲤鱼汤

开胃、强体

材料 鲤鱼肉 150 克，蒜瓣 50 克。

调料 葱花、醋各 10 克，盐 2 克，料酒少许。

做法

1 鲤鱼肉洗净，片成薄片，加料酒抓匀；蒜瓣去皮，拍碎。

2 锅置火上，倒油烧至七成热，炒香葱花，放入鱼片，倒入适量清水煮开，加蒜碎略煮至鱼片熟透，加盐、醋调味即可。

胡萝卜牛肉丝 预防贫血

材料 胡萝卜200克，牛瘦肉50克。

调料 酱油、淀粉、料酒、葱花各10克，姜末5克，盐2克。

做法

1 牛瘦肉洗净，切丝，用葱花、姜末、淀粉、料酒和酱油调味，腌渍10分钟；胡萝卜洗净，去皮，切成细丝。

2 锅内倒油烧热，放入牛肉丝迅速翻炒，倒入胡萝卜丝炒至熟，加盐调味即可。

功效 胡萝卜素可以在人体内转化为维生素A，对新妈妈眼睛有益；牛肉可补铁补血，预防新妈妈贫血。

红枣蒸南瓜 补血、健脾

材料 南瓜200克，红枣5颗。

调料 白糖5克。

做法

1 南瓜去皮、去瓤，切成薄厚均匀的片；红枣泡发洗净。

2 南瓜片装入盘中，加入白糖拌均匀，摆上红枣。

3 蒸锅置火上，放入南瓜、红枣，蒸约30分钟，至南瓜熟烂即可。

功效 红枣含有维生素C、钙、磷、铁等营养成分，可补血补虚；南瓜含有丰富的膳食纤维，能吸附肠道中的代谢废物。这道菜口感绵软，能帮助排毒、补血、健脾。

什锦蘑菇汤

补锌、催乳

材料 干香菇10克，芦笋、金针菇各100克，熟扇贝丝20克。

调料 盐2克，姜末、蒜蓉各5克，蘑菇高汤适量。

做法

1 干香菇泡发，洗净，去蒂，切片；芦笋洗净，去老根，切斜段，焯水；金针菇洗净，去根。

2 锅内放油烧至六成热，煸香姜末、蒜蓉，倒适量蘑菇高汤和清水烧沸，放芦笋段、香菇片、金针菇，开锅后放扇贝丝稍煮，加盐调味即可。

香菇、金针菇可益气血、增强免疫力，芦笋能补充维生素、催乳，扇贝可补锌、清热。

葱烧海参　促进恢复

材料　水发海参400克，葱白段50克。

调料　葱油50克，姜片5克，料酒、酱油各15克，盐3克，葱姜汁、水淀粉各适量。

做法

1 水发海参洗净，焯烫，捞出；葱白段炸香。

2 锅中倒葱油烧热，倒酱油、料酒、葱姜汁、姜片、海参炖10分钟，加葱段、盐，用水淀粉勾芡即可。

功效　新妈妈食用海参有助于补血，恢复元气，帮助产后身体尽快恢复。此外，海参还有很好的美容功效。

木耳花生黑豆浆　补血、催乳

材料　水发木耳15克，黑豆、花生仁各10克。

做法

1 黑豆用清水浸泡8～12小时，洗净；木耳去蒂，洗净，切碎；花生仁挑净杂质，洗净。

2 将黑豆、木耳碎和花生仁倒入全自动豆浆机中，加水至上下水位线之间，按下“豆浆”键，煮至豆浆机提示豆浆做好，凉至温热即可。

功效　木耳可润肠清肠、补血、减脂，花生可补血、催乳，黑豆可补肾、补血。三者搭配，补血、催乳效果更佳。

第2章

产后第 2 周过渡餐

荤素 1：3，促进子宫收缩

新妈妈的身体状况

乳房	宝宝的粮仓——乳房的保健很重要。产后首先要做到保持乳房的清洁，不方便洗澡的新妈妈最好准备一块专用的毛巾，在每次喂宝宝之前，用温开水沾湿毛巾，轻轻擦拭乳房，主要是乳晕和乳头部位，动作要轻柔，以免擦破乳头上的皮肤。这样做既可以保证宝宝的健康，还可以防止新妈妈乳头感染，预防乳腺炎。
子宫	在分娩刚刚结束的时候，因子宫颈充血、水肿，会变得非常柔软，子宫颈壁会很薄，1 周之后才会慢慢恢复原状。而本周正是子宫颈内口慢慢闭合的阶段，但不会完全闭合。
胃肠	这周胃肠已经慢慢适应产后的状况，但是对油腻的汤水和食物多少还是不适应的，新妈妈可以荤素搭配来吃，慢慢增强胃肠功能。
恶露	这周恶露明显减少，颜色由黯红色变成了浅红色，有点血腥味，但是不臭，新妈妈要留心观察恶露的质和量、颜色及气味的变化，以便掌握子宫复原情况。
伤口及疼痛	侧切和剖宫产手术后的伤口在这周还会隐隐作痛，下床走动、移动时身体会有撕裂的感觉，但是力度没有第 1 周时强烈，还是可以承受的。
妊娠纹	此时，新妈妈的妊娠纹比较明显，可以做些腹部的按摩，帮助缓解妊娠纹，也有利于子宫的恢复。

金牌月嫂
温馨叮咛

用清水清洗乳头和乳房可以吗?

可以的。因为哺乳期间，新妈妈的乳头会自然分泌一种能抑制细菌滋生的物质，而使用洗护用品会导致乳头干燥，所以用清水清洗乳头和乳房即可。

饮食重点

扫一扫，看视频

饮食仍以清淡为主，宜温补

新妈妈的消化功能在产后 1 ～ 2 周才能逐渐恢复正常，因此产后的 1 ～ 2 周饮食应以清淡、温补为宜，不宜大补。因为产褥早期胃肠肌张力仍较低，肠蠕动减弱，新妈妈食欲欠佳，这时若大量进食过于油腻的食物，骤然进补，反而使身体难以接受，引起消化不良、吸收不良。因此饮食一定要清淡，不要过于油腻。

适当补充蛋白质

产后第 2 周，新妈妈的身体逐渐恢复，要哺喂宝宝，还会增加照顾宝宝的工作量，此时补充蛋白质可以及时补充体力，还能促进身体的进一步恢复。新妈妈补充蛋白质首选鸡肉、鱼肉、大豆及其制品等。

每天 1～2 个鸡蛋

鸡蛋富含蛋白质、卵磷脂、钾、镁等成分，易消化吸收，产后新妈妈食用可促进伤口愈合及补充体力。但是吃鸡蛋以每天 1 ～ 2 个为宜，过量食用会增加消化系统的负担。

可以吃煎鸡蛋，但是要煎熟

新妈妈在产后第 1 周里吃鸡蛋主要以白水煮蛋、面条卧蛋和蒸鸡蛋羹为主，第 2 周脾胃功能有所恢复，可以变变花样，吃点煎鸡蛋了。但是在煎鸡蛋的时候一定要彻底煎熟，不要食用“单面煎蛋”，否则不仅不利于消化吸收还容易感染细菌。

不宜过食肉类

鸡肉、猪肉、牛肉等肉类，富含蛋白质和各种维生素、矿物质成分，可以缓解产后体虚的症状，但是新妈妈不能因此而过食肉类，否则不仅会导致热量摄入过多，引起肥胖甚至血脂升高，还容易导致过量的蛋白质不易被消化吸收，增加肝肾的代谢负担。因此，新妈妈摄入肉类的时候要注意适量，并且要荤素搭配，营养均衡，既有利于产后身材恢复，还能提高乳汁质量。

喝汤时别忘了吃肉

鸡汤、鱼汤、排骨汤含有易于被人体吸收的蛋白质、维生素、矿物质，而且味道鲜美，可刺激胃液分泌，提高食欲、促进泌乳，还能补虚补血。不过，肉比汤的营养要丰富得多，新妈妈在喝汤的时候也一定要吃肉。

促进子宫收缩多吃鲤鱼、山楂

鱼类富含的优质蛋白，可以提高子宫收缩力，帮助去除恶露。山楂富含矿物质，产后适量食用山楂能提高食欲，还能促进子宫的恢复，也正是因为山楂有活血化瘀、促进子宫收缩的能力，所以孕期要慎食，以免引起流产。

每天都吃些水果

产后第 2 周，新妈妈的伤口基本愈合，恶露也基本排出，并且经过第 1 周的精心调理，身体应该轻松多了。此时每天可吃 200 克左右的水果，比如苹果、木瓜、葡萄、樱桃等，最好选择当季的新鲜水果。

剖宫产妈妈要注意预防腰酸背痛

产后第 2 周，剖宫产妈妈要注重腰骨复原、骨盆腔复旧，促进新陈代谢，预防腰酸背痛，在饮食上主要以增强骨质和腰肾功能为主。可以适当食用猪腰、杜仲，比如杜仲猪腰汤、炒腰花等，也可用杜仲煮水饮用。

多吃黄色食物可补脾健胃

按照中医理念，黄色食物入脾，可养脾健胃。南瓜、玉米、黄豆、胡萝卜、地瓜、香蕉等，都属于黄色食物，可为人体提供优质蛋白、脂肪、维生素等，尤以维生素 A 的含量最为丰富。维生素 A 能保护肠道，可以减少胃炎、胃溃疡等疾病的发生。

尽量不碰咖啡和茶

新妈妈在坐月子期间，甚至整个哺乳期都最好不要喝茶和咖啡。茶中的鞣酸进入血液循环，会对人体产生收敛的作用，从而抑制乳汁的分泌，导致新妈妈奶水少。咖啡中含咖啡因，咖啡因有兴奋神经的作用，宝宝通过乳汁摄入一部分咖啡因以后，容易出现肠痉挛、无故啼哭等现象。

促进宫缩、排恶露的食材

山楂 活血化瘀，有助于产后排出子宫腔内的瘀血，减轻腹痛，还有开胃促食的功效

红糖 性温味甜，具有补脾益气、活血化瘀、散寒止痛之功效。产后新妈妈常饮红糖水，有助于恶露排出。服用量以每天 20 克为宜，持续喝 7～10 天即可

莲藕 有活血止血的功效，非常适合新妈妈食用，尤其是恶露多或是产后恶露不尽的新妈妈，可适当吃一些，能帮助排恶露

阿胶 是补血止血的常用品，尤其对于产后阴血不足引起的恶露不尽有不错的效果

金牌定制月子套餐

妈妈一日菜单

早餐　7：00～8：00

红薯粥 1 碗

土豆烧牛肉 1 盘

南瓜饼 1 个

加餐　10：00

煮鸡蛋 1 个

综合坚果 20 克

午餐　12：00～12：30

米饭 1 碗

银耳木瓜排骨汤 1 碗

滑炒豆腐 1 盘

加餐　15：30

全麦面包 2 片

酸奶 1 杯

晚餐　18：00～19：30

蔬菜鸡蛋饼 1 个

西蓝花蒸平菇 1 盘

加餐　21：00

猪腰大米粥 1 碗

金牌月嫂美食厨房

红薯粥　补虚通便

材料　大米 50 克，红薯 60 克。

做法

1　大米淘洗干净，加水浸泡；红薯洗净，去皮，切小块。

2　锅置火上，倒入适量清水煮沸，将大米倒入其中，大火煮沸，放入红薯块，转至小火熬煮 20 分钟即可。

功效　红薯中含有丰富的膳食纤维，能促进肠胃蠕动，新妈妈食用可起到润肠通便的作用。

花生仁小米粥　补气健脾

材料　花生仁 30 克，小米 100 克。

做法

1　花生仁洗净，泡 3 小时；小米淘洗干净。

2　锅置火上，加适量清水煮沸，把小米、花生仁一同放入锅中，大火煮沸，转小火继续熬煮至黏稠即可。

功效　有“黄金粉”美称的小米，是补气健脾、消积止泻的能手，与可以补血、养胃的花生配搭煮食，对产后 2 周新妈妈的消化不良有显著的食疗作用。

健脾养胃

山药八宝饭

材料 山药、薏米、白扁豆、莲子、桂圆、栗子各 30 克，红枣 10 枚，糯米 150 克。

做法

1 山药、薏米、白扁豆、莲子、桂圆、红枣分别洗净，蒸熟；栗子煮熟，切片；将糯米淘洗干净，加水蒸熟。

2. 取大碗，里面涂上油，碗底均匀铺上蒸好的原料和栗子片，将糯米饭铺在上面，放笼屉中，蒸熟，取出，倒扣入盘中即成。

葱烧木耳 清肠、补血

材料 水发木耳 250 克，大葱 100 克。

调料 酱油、水淀粉各 10 克，盐 2 克

做法

1 水发木耳洗净，撕成小朵；大葱择洗干净，切丝。

2 锅置火上，将泡好的木耳放沸水中焯熟，盛出，沥干。

3 另起锅，放油烧热，放入葱丝炒出香味，加入木耳翻炒，加酱油和盐，出锅前淋入水淀粉勾芡即可。

功效 木耳可以把残留在体内的灰尘、杂质吸附起来排出体外，起到清胃涤肠的作用，还有一定的补血功效。

蒜蓉空心菜 保护肠道

材料 空心菜 300 克，大蒜 10 克。

调料 盐 2 克。

做法

1 空心菜择洗干净，切成段；大蒜去皮，洗净，剁成末。

2 锅置火上，放油烧热，放入蒜末和空心菜煸炒，至变色后，加盐调味即可。

功效 空心菜是碱性食物，并含有钾、氯等调节水液平衡的元素，产后 2 周的新妈妈食后可降低肠道的酸度，预防肠道菌群失调。

西蓝花蒸平菇

增强免疫力

材料 西蓝花 500 克，平菇 100 克。

调料 蚝油、淀粉各适量。

做法

1 西蓝花洗净，掰小朵；平菇洗净，切丁。将二者装盘放入蒸锅，蒸 10 分钟左右。

2 取一小锅，将水、蚝油混合煮沸，加入淀粉调成水淀粉，倒入锅中，快速搅拌至汤汁浓稠时关火。

3 最后将蒸好的西蓝花平菇取出，将芡汁浇于表面即可。

平菇可改善免疫功能，抗氧化；西蓝花富含维生素 C 等成分，能有效保护胃黏膜。新妈妈食用此菜可增强免疫力。

蒜蒸白菜　帮助消化

材料　白菜 200 克，蒜蓉 20 克。

调料　植物油、盐、鲍鱼汁各适量。

做法

1　白菜洗净，切成片，加盐拌匀，腌渍 5 分钟，待变软，用手稍微挤一挤水分，加蒜蓉、植物油拌匀，码入盘中。

2　将盘子入蒸锅蒸 3 分钟。

3　取出趁热倒入鲍鱼汁拌匀即可。

功效　白菜富含膳食纤维，能促进肠胃蠕动，帮助产后 2 周的新妈妈消化和排毒。

木瓜凤爪汤　促进子宫恢复

材料　鸡爪 250 克，木瓜 200 克，红枣 10 颗。

调料　盐适量。

做法

1　鸡爪洗净，去掉爪尖；红枣洗净，去核；木瓜洗净，去皮、去瓤，切块。

2　锅内加入适量清水，大火烧开，放入鸡爪、木瓜块、红枣，煮至鸡爪熟烂，加盐调味即可。

麻油可理气止痛，化瘀止血，有助于子宫恢复、促进恶露的排出，鸡肉有温中益气、健脾胃、活血脉、强筋骨的功效。其蛋白质含量很高，可滋补养身。

麻油鸡

促进子宫恢复

材料 鸡肉 400 克。

调料 老姜 3 块，麻油适量，盐 2 克。

做法

1 鸡肉切块，入滚水中汆烫去血水；把老姜洗净后不要去皮，切成薄片。

2 把汆烫完的鸡肉放入陶锅里，尽量让其平整，再倒入麻油使其均匀，把姜片按顺序依次铺满一层，然后再铺第二层、第三层，铺到看不到底层的鸡肉为止，而且姜片之间不要有缝隙。

3 加入盐使其覆盖在姜片上，把姜片完全淹没，盖上锅盖焖煮，先用大火焖煮至开，再转小火焖煮 15 ~ 20 分钟后，熄火再闷 5 分钟，不要急着打开锅盖。

4 用一个汤匙和一个夹子，慢慢地把上层铺的姜片去掉，但要留一些姜片在鸡肉里。

杜仲核桃猪腰汤　补肾、壮骨

材料　杜仲、核桃仁各30克，猪腰1对。

调料　香油5克，盐3克。

做法

1 猪腰洗净，从中间剖开，去臊腺，切成片；杜仲、核桃仁分别洗净。

2 猪腰片、杜仲、核桃仁放入砂锅中，加入适量清水，大火烧沸，转小火炖煮15分钟至熟，用盐、香油调味即可。

功效　杜仲猪腰汤具有补肾气、强筋骨、通膀胱、消积滞、止消渴之功效，可调理产后肾虚腰痛、水肿等。

参竹银耳汤　利于子宫复旧

材料　海参50克，红枣、干银耳各15克，竹荪、枸杞子各10克。

调料　盐1克。

做法

1 海参、竹荪用清水泡发洗净，切丝；红枣去核，洗净，稍浸泡；银耳泡发，去蒂，洗净，撕成小朵。

2 锅中倒适量水，放银耳、海参丝，大火煮沸改小火煮20分钟，加枸杞子、红枣、竹荪丝煮10分钟，加盐调味即可。

功效　海参所含的锌、酸性黏多糖、海参素等活性物质，具有刺激宫缩作用，利于子宫复旧；搭配红枣、银耳等，还可补血、安神。

银耳木瓜排骨汤

保护肝脏、催乳

材料 猪排骨150克，干银耳10克，木瓜100克。

调料 盐2克，葱段、姜片各5克。

做法

1 银耳泡发，洗净，撕成小朵；木瓜去皮除子，切成小块；排骨洗净，切段，焯水备用。

2 汤锅加清水，放入排骨段、葱段、姜片同煮，大火烧开后放入银耳，小火慢炖约1小时。

3 把木瓜块放入汤中，炖15分钟后调入盐即可。

银耳能提高肝脏解毒能力，保护肝脏。木瓜中的维生素C能防止细胞氧化。这道汤还有催乳的作用。

青菜蘑菇汤　抵抗疲劳

材料　口蘑、金针菇各100克，菠菜50克。

调料　姜片5克，盐4克，香油适量。

做法

1 口蘑洗净，切小块；金针菇洗净，去根；菠菜洗净，焯水，切小段。
2 锅置火上，加水适量，放姜片煮开，加入口蘑和金针菇。
3 水开后加入菠菜、盐煮沸，淋入香油，关火即可。

功效　口蘑、金针菇可抵抗疲劳，还能抑制血脂升高，降低胆固醇。

紫菜海米鸡蛋汤　补肾养心

材料　海米15克，紫菜5克，鸡蛋1个。

调料　葱花、香油各适量，盐3克。

做法

1 紫菜洗净，撕碎；海米洗净；鸡蛋打散，搅成蛋液。
2 锅置火上，倒入植物油烧热，放入葱花炒香，倒入适量清水，大火烧开后放入紫菜和海米，煮开，调入盐，淋入鸡蛋液，当鸡蛋液形成蛋花浮起后，淋入香油即可。

功效　紫菜具有软坚化痰、补肾养心、清热利尿、止咳降压的作用。搭配鸡蛋、海米，还可补充一定量的蛋白质。

白萝卜能分解食物中的淀粉和脂肪，促进食物消化，抑制胃酸过多，帮助胃蠕动，促进新陈代谢；羊肉可温补脾胃，二者搭配适合产后 2 周血虚的新妈妈食用。

白萝卜羊肉蒸饺

温补脾胃

材料 面粉 500 克，白萝卜 200 克，羊肉 250 克。。

调料 葱末 10 克，盐、生抽各 6 克。

做法

1 白萝卜洗净，擦丝，用开水烫过，过冷水后，挤去水分，加生抽拌匀。羊肉洗净，剁成泥，加生抽、盐顺向搅拌成糊。

2 羊肉糊中加白萝卜丝、葱末拌匀，制成馅料，面粉加适量热水搅匀，揉成烫面面团。

3 取烫面面团搓条，下剂子，擀成饺子皮，取一张饺子皮，包入馅料，捏紧成饺子生坯，饺子生坯放沸水蒸笼中，大火蒸熟即可。

牡蛎香菇冬笋汤　恢复体力

材料　牡蛎500克，鲜香菇、冬笋、青豌豆各50克。

调料　清汤200克，盐、料酒各4克，姜末、香油各3克。

做法

1　香菇、冬笋分别洗净，焯水，捞出切片；牡蛎取肉，洗净，焯水后冷水洗净；青豌豆洗净。

2　锅内加入清汤、料酒、盐，烧沸后放入青豌豆、牡蛎肉、香菇片、冬笋片、姜末，烧沸，淋入香油即可。

功效　牡蛎对预防产后贫血及体力恢复均有好处，与香菇、冬笋搭配，还可预防产后血压升高。

莲藕胡萝卜汤　补血、养胃

材料　鲜藕200克，花生米20克，胡萝卜半根，鲜香菇3朵。

调料　高汤适量，盐3克。

做法

1　鲜藕洗净，去皮，切块，用刀拍松；胡萝卜去皮，洗净，切滚刀块；花生米用温水泡开，去皮；香菇洗净，去柄，切块。

2　锅置火上，倒植物油烧至六成热，放入香菇块煸香，放入胡萝卜块煸炒片刻，倒入高汤，大火煮沸后放入藕块、花生米，小火煲1小时，加入盐调味即可。

第3章

产后第3周催乳餐

增加汤品，疏通乳腺，提高乳汁质量

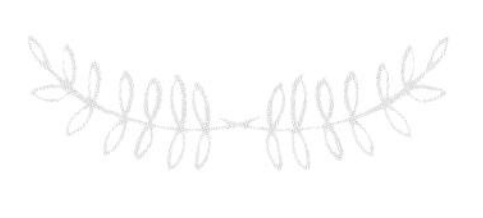

新妈妈的身体状况

乳房	产后第 3 周，乳房开始变得饱满，肿胀感慢慢减退，清淡的乳汁渐渐浓稠起来了。每天喂宝宝的次数增多，偶尔也会有乳汁过多外溢的现象。
子宫	子宫基本收缩完成，已经恢复到骨盆内的位置，最重要的是子宫内积血快排净了，而此时雌激素的分泌特别活跃，子宫的功能变得比孕前更好。
胃肠	现在新妈妈的食欲基本恢复到从前了，且经常出现饿的感觉。通过前两周的调整和进补，新妈妈的肠胃已经适应了少食多餐、以汤水为主的饮食。
恶露	本周是白色恶露阶段，需要特别注意的是，这时不要误认为恶露已净，就不注意会阴的清洗和保护了，因为白色恶露还会持续 1～2 周的时间。
伤口及疼痛	会阴侧切的伤口已经没有明显的疼痛感了，但剖宫产新妈妈的伤口还是会偶尔出现疼痛。但只要不是持续疼痛，没有分泌物从伤口流出，基本上再过两周就可以完全恢复正常了。
妊娠纹	有妊娠纹的新妈妈，会发现这一周妊娠纹开始变淡了。

金牌月嫂
温馨叮咛

适当做一些轻体力的家务活

经过 2 周的喂养实践，绝大多数新妈妈已经能够熟练地喂养宝宝，并根据宝宝的作息时间进行调整，使自己和宝宝保持一致，新妈妈的精神状态也有所改善。所以从这周开始，新妈妈可以做些轻体力的家务活，锻炼身体，以利于筋骨的恢复。

饮食重点

可以适当进补

不管怎么样，生完宝宝之后进补是必需的。这时如果不能保证摄取充足的营养，一定会影响产后妈妈和宝宝的身体健康。但产后不可立即盲目进补，产后第1、第2周采用渐进式且温和清淡的饮食方式，同时为帮助伤口复原，饮食上尽量忌食酒和香油等较燥热的食物；而第3、第4周则应补充营养以帮助产妇恢复体力，可食用一些补气的药材和食物。

催乳提上日程，多喝汤汤水水

从本周开始，催乳就要被正式提上日程了，乳汁分泌不好的新妈妈应该想办法催乳了。可以喝催乳汤，汤水要多才能下奶。还可以吃一些利水消肿的食物，如乌鸡、鱼、蛋、红豆、芝麻、银耳、核桃、玉米等。常用催乳食谱：花生红豆粥、核桃枸杞紫米粥、黑芝麻花生粥、鱼头豆腐汤、酒酿蛋汤、花生猪脚汤、海带豆腐汤等。

有些药膳有很好的催乳功效

药膳是药物与食物的结合，既营养又催乳，可谓一举两得。以下是4种实用、美味的催乳药膳：莴苣子粥、山药炖母鸡、炒黄花猪腰、王不留行炖猪脚。

补充高蛋白的食物

蛋白质不足会导致乳汁分泌量减少，因此，补充足够的富含蛋白质的食物，如奶类、豆类、蛋、鱼、肉类等，都是增加乳汁分泌的食物。麻油鸡或新鲜鱼汤是提供蛋白质来源及增进乳汁分泌的产后佳肴。

可以多吃点豆制品、多喝豆浆

豆制品、豆浆的营养主要体现在其丰富的蛋白质含量上。豆制品所含人体必需氨基酸与动物蛋白相似，同样也含有钙、磷、铁等人体需要的矿物质，含有维生素 B_1、维生素 B_2 和纤维素，是催乳佳品。

宜吃些海产品补碘和锌

海带中含碘和锌较多，碘是制造甲状腺素的主要原料，锌能促进生长发育，新妈妈多吃海带，能增加乳汁中的碘和锌含量，有利于新生儿身体的生长发育，防止呆小症。海带中含有丰富的膳食纤维，可促进肠蠕动，有利于促进排泄，使大肠通畅，防止便秘。

不要忽视蔬菜和水果的摄入

新鲜的蔬菜和水果富含维生素和矿物质，可以补足肉类、蛋类营养的不足，能开胃、增食欲、润泽肌肤，还能帮助消化及排便，防止产后便秘的发生。因此，产后新妈妈在这个时候可以适当吃些水果和蔬菜。水果要放在常温下食用，甚至可以在温水里泡一泡再吃。

多补充维生素

维生素 A

对于维护膜组织的健康、促进产后恢复有着特别的功效。代表食物有 鱼肝油、蛋、肝、乳类、菠菜、胡萝卜、苋菜和莴笋叶等。

维生素 B_1

促进新陈代谢，消除产后疲劳，增加食欲。代表食物有 动物内脏（肝、心及肾）、肉类、豆类、坚果及小米等。

维生素 C

增强抵抗力，加速伤口愈合，促进铁吸收。代表食物有 柑橘、橙子、草莓、柠檬、葡萄、苹果、番茄以及深色蔬菜。

妈妈补钙能防止宝宝缺钙

钙能强化骨骼和牙齿，具有调节心跳及肌肉收缩的功能，如果不想将来身高缩水，产后仍需多摄取钙质。富含钙的食物有黑芝麻、虾仁、牡蛎、干贝、海带、肉类、鸡蛋、乳类及其制品、豆类及其制品、银耳、土豆、核桃仁、西瓜子、南瓜子等。

食欲不好多补锌

锌有助于促进伤口痊愈及维持免疫系统正常，并能保持味觉及嗅觉灵敏。富含锌的食物有：牡蛎、动物肝脏、花生、核桃、鱼类、豆类、蛋类、奶类、肉类及苹果等。

促进乳汁分泌的食材

鲫鱼

中医认为鲫鱼具有健脾胃、利水消肿、通血脉的作用，有助于缓解产后水肿。

猪脚

猪脚中含有大量的胶原蛋白，能增强细胞新陈代谢，是滋补佳品，可通乳。不过，猪脚中胆固醇含量高，血脂较高的新妈妈不宜多吃。

莲藕

能健脾益胃、润燥养阴、行血化瘀、清热生乳。新妈妈多吃莲藕，能及早清除恶露，增进食欲，帮助消化，促进乳汁分泌。

通草

性微寒，味甘、淡，有清热利尿、通气下乳的功效，古代医家就经常将其用于产后乳汁不足症。

金牌定制月子套餐

妈妈一日菜单

早餐 7：00～8：00

海米豆皮黄瓜水饺 1 盘

小米红豆粥 1 碗

加餐 10：00

葱油饼 1 张

午餐 12：00～12：30

米饭 1 碗

红烧冬瓜 1 盘

猪脚花生汤 1 碗

加餐 15：30

乌鸡汤 1 碗

晚餐 18：00～19：30

鳝丝打卤面 1 碗

酱汁油菜 1 盘

加餐 21：00

煮鸡蛋 1 个

酸奶 1 杯

金牌月嫂美食厨房

小米红豆粥 催乳、补虚

材料 红豆、小米各50克，大米30克。

做法

1 红豆洗净，用清水泡4小时，蒸1小时至红豆酥烂；小米、大米分别淘洗干净，大米用水浸泡30分钟。

2 锅置火上，倒入适量清水大火烧开，加小米和大米煮沸，转小火熬煮25分钟成稠粥。

3 将酥烂的红豆倒入稠粥中煮沸，搅拌均匀即可。

功效　红豆富含叶酸、蛋白质，新妈妈适当多吃有催乳的功效；小米营养丰富，且易于消化，非常适合产后食用。

红烧冬瓜 利水、消肿

材料 冬瓜300克，泡发的香菇、青椒、红椒各20克。

调料 葱花5克，酱油、蚝油各6克。

做法

1 冬瓜去皮，切块；泡发的香菇冲洗，挤干，去蒂，切粒；青椒、红椒洗净，去蒂及子，切粒。

2 锅内倒油烧热，放入冬瓜煎香，放香菇粒、青红椒粒炒香。

3 加适量清水没过冬瓜，加酱油烧开，待汤汁快收干，加蚝油搅匀，撒葱花即可。

猪脚花生汤

补血、通乳

材料 猪脚 1 只，花生米 50 克，枸杞子 5 克。

调料 盐 5 克，料酒 15 克，葱段、姜片各适量。

做法

1 猪脚洗净，用刀轻刮表皮，剁成小块，焯水备用；花生米泡水半小时后煮开，捞出备用。

2 汤锅加清水，放入猪脚、料酒、葱段、姜片大火煮开，小火炖 1 小时。

3 放入花生米再炖 1 小时，加枸杞子同煮 10 分钟，加盐调味即可。

通草猪脚汤 **通乳、利水**

材料 净猪脚500克，通草5克。

调料 枸杞3克，盐、料酒、葱段、姜片各适量。

做法

1 猪脚洗净，剁成小块，入沸水中焯烫去血水浮沫，捞出备用；通草洗净。

2 汤锅内加适量清水，放入猪脚以及料酒、葱段、姜片大火煮开，慢火炖1个小时，放入通草再炖1小时，加枸杞煮10分钟，调入适量的盐即可。

功效 通草和猪蹄都有很好的催乳功效，二者搭配煲汤，效果更佳。

丝瓜络煮对虾 **催乳、补肾**

材料 丝瓜络15克，通草10克，对虾2只。

调料 姜片2克，盐2克。

做法

1 丝瓜络、通草分别洗净；虾洗净，去虾线、剪去虾足。

2 在锅中加入适量的清水，等到清水煮开后，将丝瓜络、通草、对虾和姜片放入锅中，煮15分钟，加盐调味即可。

功效 虾具有补肾、壮阳、通乳的功效，搭配丝瓜络可通经活络。

预防贫血

黑豆乌鸡汤

材料 乌鸡1只，黑豆100克，小枣8枚。

调料 盐3克，姜片5克。

做法

1 乌鸡去杂，洗净；黑豆用锅炒至裂开，洗净，晾干；小枣洗净。

2 锅置火上，加清水大火烧开，加入准备好的材料，放入姜片，煮沸后用中火煲至汤好，加入适量盐调味即可。

花生桂圆红枣汤　补血、催乳

材料　花生仁 50 克，干桂圆 25 克，红枣 10 克。

调料　白糖适量。

做法

1　花生仁洗净，用温水泡 2 小时；桂圆去壳洗净，去核；红枣洗净，去核，泡软。

2　锅中放适量清水，加入泡好的花生仁、红枣煮 30 分钟，再加桂圆煮 20 分钟，关火，加适量白糖调味即可。

功效　这道汤可补气血、安神，还能催乳，非常适合产后体虚的新妈妈食用。

萝卜丝鲫鱼汤　养胃、通乳

材料　白萝卜丝 200 克，鲫鱼 1 条。

调料　火腿丝、盐、料酒、葱段、姜片、植物油各适量。

做法

1　将鲫鱼去鳞、鳃及内脏后洗净；将白萝卜丝焯一下，捞出冲凉。

2　锅中放油烧热，爆香葱段、姜片，放入鲫鱼略煎，加入白开水，加入白萝卜丝、火腿丝煮沸，加盐、料酒即可。

功效　白萝卜具有促进胃肠液分泌的作用，可保护肠胃，还能增强免疫力，与鲫鱼同食，适合产后肠胃功能较弱的新妈妈补虚通乳。

青蛤牛奶鲫鱼汤

通乳、美容

材料 净鲫鱼1条，青蛤肉150克，鲜牛奶80克。

调料 鸡汤、淀粉、料酒、葱段、姜片、醋各适量。

做法

1 鲫鱼洗净，改刀，涂上淀粉，放入热油锅中稍煎，盛出；青蛤肉洗净。

2 汤锅置火上，加入鲫鱼、鸡汤、料酒、部分姜片、部分葱段，大火烧沸，撇去浮沫，改小火炖20分钟，加入青蛤肉煮熟，关火。

3 另起锅，加入醋、牛奶，放入剩余的姜片、葱段，煮沸，浇到鲫鱼上即可。

莲藕炖排骨 促进乳汁分泌

材料 莲藕200克，排骨400克。

调料 料酒15克，葱末、姜末、蒜末各10克，盐3克。

做法

1 将排骨洗净、切块；将莲藕去粗皮和节，洗净、切块。

2 向锅内倒油烧热，放入姜末、蒜末爆香，倒入排骨翻炒至变色，加入料酒炒匀，加入莲藕块、适量开水，用大火煮沸后转用小火炖1小时。

3 加盐调味，撒葱末即可。

功效 莲藕含铁、维生素C、碳水化合物等营养物质，能补益气血，促进乳汁分泌，与排骨同食，可强体、通乳。

芙蓉海鲜羹 补钙、增乳

材料 虾仁100克，水发海参80克，青豆50克，鸡蛋清1个，牛奶适量。

调料 盐、料酒、姜末、水淀粉各适量。

做法

1 将虾仁洗净，去除虾线；将海参、青豆均洗净，海参切条，青豆煮熟；将鸡蛋清搅匀。

2 向锅中倒入适量清水，加入虾仁、海参条、青豆与牛奶，煮至沸腾，加入盐、料酒、姜末调味，用水淀粉勾芡，淋入鸡蛋清，搅匀即可。

虾仁山药

通乳、润肠

材料 山药200克，虾仁100克，玉兰片、白果、水发木耳各30克。

调料 葱花、姜丝各2克，料酒5克，盐2克。

做法

1 将山药洗净，去皮切丁；将玉兰片切丁；将虾仁洗净；将木耳撕成小朵；将白果焯水。

2 锅置于火上，放油烧热，下葱花、姜丝炒出香味，放入玉兰片、白果、木耳和山药，加入盐、料酒翻炒几下，放入虾仁炒至熟即可。

花生汁 养血通乳

材料 生花生仁200克，温开水500毫升。

做法

1 生花生仁洗净，用温开水浸泡2小时，然后去掉花生红衣。

2 将剥去外皮的生花生仁放入豆浆机中，加入温开水，按下“果蔬汁”键，待豆浆机提示做好后即可过滤饮用。

功效 花生含有丰富的蛋白质和脂肪，对产后女性乳汁不足有养血通乳的作用，是常见的产后催乳美食。

黄豆豆浆 促进乳汁分泌

材料 黄豆80克。

调料 白糖15克。

做法

1 黄豆用清水浸泡10～12小时，洗净。

2 把浸泡好的黄豆倒入豆浆机中，加水至上、下水位线之间，煮至豆浆机提示豆浆做好，过滤后依个人口味加白糖调味后饮用即可。

功效 黄豆豆浆可健脾利胃，促进乳汁分泌，利于产后恢复。

木瓜有通乳的功效，香蕉可以通便排毒，这款果汁尤其适合新妈妈在便秘、奶少时食用。

木瓜香蕉饮

通乳、排毒

材料 木瓜 200 克，香蕉 100 克。

做法

1 木瓜去皮，去子，切小块；香蕉去皮，切小块。

2 把上述食材放入果汁机中，加入适量饮用水搅打均匀即可。

黄花木耳炒鸡蛋　**补铁、下乳**

材料　水发木耳100克，水发黄花菜50克，鸡蛋2个。

调料　葱末、姜末、盐各3克，生抽5克。

做法

1 将木耳洗净，撕成小朵；将黄花菜的根部去除，冲洗干净；将鸡蛋打成蛋液。

2 将锅置于火上，倒入油烧至五成热，将蛋液炒熟后盛出。

3 向锅内倒油烧热，下葱末、姜末爆香，倒入木耳和黄花翻炒，加入盐、生抽，翻炒至熟时，倒入炒好的鸡蛋，翻炒均匀即可。

芦笋炒茭白　**通乳、增进食欲**

材料　茭白250克，芦笋150克。

调料　盐3克，姜丝5克，水淀粉10克。

做法

1 将芦笋根部老硬的外皮削去，洗净后切成段；将茭白剥去外皮，洗净后切条。

2 向锅内倒油烧热，放入姜丝爆香，下入茭白条、芦笋段快速翻炒，加盐调味，用水淀粉勾芡即可。

功效　茭白能补虚、健体、通乳；芦笋有助于增进食欲，提高机体代谢能力。二者搭配，可补虚通乳，提高免疫力。

第4章

产后第 4 周强体餐

全面均衡，补充体力

新妈妈的身体状况

乳房	产后第 4 周新妈妈的乳汁分泌已经增多，但也容易得急性乳腺炎而无法给宝宝喂奶。急性乳腺炎是发生在乳房部位的急性化脓性疾病，主要表现为患侧乳房红、肿、热、痛，局部肿块、脓肿形成，体温升高。急性乳腺炎是月子里的常见病，症状轻的新妈妈可以继续哺乳，但要采取积极措施促使乳汁排出，或者局部敷土豆片，用来消肿。症状严重的就必须就医了。
子宫	新妈妈的子宫大体复原了，本周新妈妈应该坚持做产褥操，可以促进子宫、腹肌、阴道、盆底肌的快速恢复。
胃肠	经过前 3 周的调理，新妈妈肠胃功能逐渐恢复正常了，可以适当增加一些营养，但是仍然不要吃得过多，以免给肠胃造成负担。
伤口及疼痛	剖宫产新妈妈手术后伤口留下的痕迹，一般呈白色或灰白色，质地坚硬，这个时候开始有瘢痕增生的现象，局部会发红、发紫、变硬，且表面凸出。瘢痕增生会持续半年左右，然后等增生逐渐停止，瘢痕才会慢慢变平变软变淡。

金牌月嫂
温馨叮咛

经常按摩乳房，促进泌乳

新妈妈需要格外注意乳房的护理，平时可以经常对乳房做一做按摩，以加速乳房的血液循环，促进乳汁分泌，还能防止乳房下垂、外扩。

按摩方法很简单：双手手掌交互托住乳房下方，轻轻上提，再托住乳房外侧往内推即可。按摩之前，新妈妈最好用热毛巾对整个乳房热敷几分钟，有硬块的地方要多敷一会儿，然后进行按摩。

饮食重点

扫一扫，看视频

可以食用的蔬菜和水果更多了

月子期间的饮食要均衡、多样化，产后第 4 周新妈妈的身体状况已经大有好转，饮食上肉、蛋、蔬菜、水果等要均衡，尤其是蔬菜的种类可以比之前更丰富些，绿叶蔬菜，根茎类、块茎类蔬菜都可变换花样食用，以满足身体的营养需求，也能让乳汁的成分更均衡，更有利于宝宝健康。

多吃可提高免疫力的食物

在产后的几个月内，新妈妈需要调节自己的身体，提高抵抗力，同时还要将营养加以转化，通过乳汁输送给婴儿。因此必须加强饮食调养，补充足够的营养素，可以吃些富含蛋白质、维生素 A、维生素 C、钙、铁、锌、硒的食物，能有效增强体质的食物，比如牛肉、鸡肉、水产品、牛奶、鸡蛋、胡萝卜、南瓜、香菇、海带等。

适当多吃菌菇类食物

菌菇类食物，如金针菇、草菇、香菇、猴头菇、黑木耳等，不仅热量低，还富含膳食纤维、B 族维生素和矿物质，能够有效抗癌、促进代谢、降低胆固醇，还能大大提高人体免疫力。此外，对于产后想瘦身的新妈妈来说，菌菇类食物能增加饱腹感，可帮助减肥。

可适当吃些桂圆、红枣等补血食物

女人一生都要注重补血，因为每月的月经会让女性流失一部分血，而生产之后耗血多更需要补，适当多吃补血食物可预防贫血，还能美容养颜。可选择红枣、桂圆、猪肝、菠菜等。

吃甜食能缓解抑郁，但不宜多食

产后过多吃甜食不仅会影响食欲，还可能使热量过剩而转化为脂肪堆积在体内，引起肥胖，不利于身材恢复。

但产后适当吃甜食，可改善不良情绪。一般来讲，月子里，哺乳妈妈还没完全适应角色的转化，再加上身体的疼痛、带孩子的疲劳，往往容易情绪不好。如果不及时调节好心情，容易导致产后抑郁症。这个时候适当吃些甜食，可以使人心情愉悦，但是甜食尽量选择红枣、黑枣、桂圆、葡萄干等健康食物，而不宜吃巧克力、碳酸饮料等，以免引起腹胀，也不宜过多吃甜点、蛋糕等，以免引起肥胖。

新妈妈不要吃得过于油腻

母乳喂养的新妈妈需要摄入足够的热量来保证乳汁的分泌，但是不要因此而毫无忌讳地吃各种油腻食物，因为这样不仅容易造成产后肥胖，奶水中油脂含量太高还会导致宝宝的肠胃负担加重，出现消化不良、腹泻等，因此新妈妈应该均衡饮食、荤素搭配，以提高自身体质，还能保证乳汁的营养均衡。另外，新妈妈在喝汤催奶的时候，也不宜过于油腻，比如鸡汤、排骨汤等，可以将表层的浮油撇掉，以减少一些不必要的油脂摄入。

补充碳水化合物要多选全谷类和低热量的水果

碳水化合物可以为人体补充活动所需的能量，参与细胞的多种活动，对于产后新妈妈的体力恢复极有好处。新妈妈可以通过吃多种多样的谷类、水果和蔬菜来补充碳水化合物，比如全麦面包、全麦面条、糙米、荞麦面、苹果、香蕉、菠菜等都是很好的选择，少吃蛋糕、饼干、甜点及喝甜饮料等。对于患有糖尿病的新妈妈来说，选择含碳水化合物的食物时一定要选择生糖指数低的，进食水果的时候一定要选择糖分低的，并且每天要控制量。

选择豆类、瘦肉等优质蛋白

人体抵抗能力的强弱，取决于抵抗疾病的抗体多少，而蛋白质是抗体、酶、血红蛋白的构成成分。当人体缺乏蛋白质时，酶的活性就会下降，导致抗体合成减少，进而使免疫力下降。新妈妈补充蛋白质的时候，应尽量选用奶制品、豆类、坚果、瘦肉、鱼类等所含的优质蛋白质，这些蛋白质中的氨基酸比例与人体的蛋白质相似，更易被人体吸收。

有助增强体质的食材

牛肉 富含蛋白质、铁等，脂肪含量低，能补气补血，促进伤口愈合，增强人体抵抗力。

豆腐 富含优质蛋白，对产后新妈妈体力康复极有帮助，还含有丰富的大豆卵磷脂，能促进新妈妈的新陈代谢，补养气血。

瘦肉 瘦肉相比肥肉，脂肪含量低，富含铁，如果体内缺铁，会常常觉得疲劳、无力，体内铁质充足可提高细胞的免疫力。

猕猴桃 富含维生素C和碳水化合物，能增强抵抗力、预防感冒。

金牌定制月子套餐

妈妈一日菜单

早餐 7：00～8：00

绿豆芽海米馄饨1碗

蒸茄子1盘

加餐 10：00

煮鸡蛋1个

午餐 12：00～12：30

米饭1碗

清蒸牡蛎1盘

油菜金针菇1盘

花生汁1杯

加餐 15：30

南瓜饼1张

晚餐 18：00～19：30

牛奶馒头1个

一品豆腐汤1碗

加餐 21：00

酸奶1杯

小窝头1个

金牌月嫂美食厨房

山药鲈鱼　补虚、健体

材料　鲈鱼 500 克，山药 100 克，鲜裙带菜 50 克，枸杞子 10 克。

调料　盐少量。

做法

1 山药洗净，去皮，切成滚刀块；裙带菜洗净，切丝；枸杞子洗净；鲈鱼洗净，鱼头、鱼骨、鱼肉分离，鱼肉切成片。

2 锅内放油烧热，放入鱼头、鱼骨翻炒，倒入开水，放入山药块、鱼片，大火烧开，改中小火炖至汤成奶白色，放入裙带菜丝、枸杞子，稍炖几分钟，加少量盐调味即可。

一品豆腐汤　增强体力、强骨

材料　老豆腐 100 克，水发海参、虾仁、鲜贝各 25 克，枸杞子少许。

调料　盐、白糖各适量。

做法

1 豆腐洗净，切丁；水发海参治净，切小丁；虾仁去虾线后洗净，切丁；鲜贝洗净，切丁；三种海鲜均焯水；枸杞子洗净，备用。

2 锅置火上，倒入适量清水烧开，放入豆腐丁、海参丁、虾仁丁、鲜贝丁、枸杞子煮 8 分钟，最后加入盐、白糖调味即可。

牡蛎中富含钙、锌，能预防骨质疏松，可增强体力。

清蒸牡蛎

补锌、健骨

材料 新鲜牡蛎500克。

调料 生抽、香油各适量。

做法

1 新鲜牡蛎用刷子刷洗干净；生抽和香油调成味汁。

2 锅内放水烧开，将牡蛎平面朝上、凹面向下放入蒸屉。

3 蒸至牡蛎开口，再过3～5分钟出锅，蘸味汁食用即可。

什锦鸡翅粥　**提高免疫力**

材料　大米100克，鸡翅2只，干香菇3朵，菠菜1棵。

调料　鸡汤、水淀粉、料酒、葱花、姜丝、蒜末、盐各适量。

做法

1 干香菇泡发，去蒂，洗净，切块；菠菜洗净后用沸水焯一下，过凉，切段；大米洗净后浸泡30分钟；鸡翅洗净，用盐、水淀粉、料酒、姜丝腌渍10分钟，用沸水略焯。

2 锅置火上，放入鸡汤、大米，用大火煮沸，转小火，放入鸡翅、香菇块熬煮30分钟，加菠菜段、盐、葱花、蒜末略煮即可。

红豆红枣豆浆　**补益气血**

材料　黄豆40克，红豆、红枣各20克。

调料　冰糖10克。

做法

1 黄豆用清水浸泡10～12小时，洗净；红豆淘洗干净，用清水浸泡4～6小时；红枣洗净，去核，切碎。

2 将黄豆、红豆和红枣碎倒入自动豆浆机中，加水至上、下水位线之间，煮至豆浆机提示豆浆做好，过滤后加冰糖搅拌至化开即可。

功效　红豆富含叶酸，有催乳的功效；红枣能补益气血、通乳，对产后体力恢复和乳汁分泌都有很好的功效。二者搭配有助于新妈妈产后气血恢复和乳汁分泌。

冬笋黄花鱼汤

补益脏腑、催乳

材料 冬笋30克，雪菜40克，黄花鱼1条。

调料 葱段、姜片各5克，盐2克，白胡椒粉少许。

做法

1 将黄花鱼去鳞、鳃、内脏，去掉鱼腹部的黑膜，洗净，擦干；冬笋洗净，切片；雪菜洗净，切碎。

2 锅内倒油烧热，将黄花鱼两面各煎片刻，加清水，放冬笋片、雪菜碎、葱段、姜片大火烧开，转中火煮15分钟，加盐调味，拣去葱段、姜片，撒上白胡椒粉即可。

冬笋与黄花鱼做成汤，具有生精养血、补益脏腑、催乳的功效。

柿子椒炒牛肉片　益气强筋

材料　牛肉 80 克，柿子椒 100 克。

调料　葱末、姜末各 5 克，盐 2 克，淀粉 10 克。

做法

1. 牛肉洗净，切片，加水、淀粉抓匀，腌制 10 分钟；柿子椒洗净，去蒂去子，切片。
2. 锅内倒油烧热，下牛肉片翻炒至变色，放葱末、姜末略炒，倒柿子椒片炒匀，加盐调味即可。

功效　牛肉具有补脾胃、益气血、强筋骨、消水肿等功效，有助于改善产后气血不足、气血两亏、面浮腿肿等症状。

猪肝菠菜粥　补铁生血

材料　大米 100 克，新鲜猪肝 50 克，菠菜 30 克。

调料　盐 1 克。

做法

1. 猪肝冲洗干净，切片，入锅焯水，捞出沥水；菠菜洗净，焯水，切段；大米淘洗干净，用水浸泡 30 分钟。
2. 锅置火上，倒入适量清水烧开，放入大米，大火煮沸后改用小火慢熬。
3. 煮至粥将成时，将猪肝片放入锅中煮熟，再加菠菜段稍煮，加盐调味即可。

功效　猪肝和菠菜都含有丰富的铁，产后新妈妈食用这款粥可以补铁补血，预防缺铁性贫血。

红枣可补益脾胃、滋养阴血、养心安神；与鸡肉搭配，还能补锌强体。

滋阴养血

花生红枣鸡汤

材料 净鸡1只，水发香菇30克，花生米25克，红枣6枚。

调料 葱段、姜片各5克，盐2克，老抽、白糖各2克，淀粉、料酒各6克，香油1克。

做法

1 花生米洗净；香菇加白糖、料酒、香油、淀粉拌匀；净鸡用老抽、盐腌渍10分钟。

2 锅倒油烧热，爆香葱段、姜片，放入花生米、香菇、红枣，放入腌渍过的鸡，加适量清水，慢火炖1小时，加盐调味即可。

炒藕片　养血生肌

材料　莲藕400克。

调料　香葱段、姜丝、蒜末各5克，白糖10克，盐4克。

做法

1　莲藕洗净，去皮，切片；将莲藕放入沸水中焯一下，沥干。

2　锅内放油烧六成热，放干辣椒段、香葱段、姜丝、蒜末炒香；再放入藕片，加盐、白糖调味，翻炒均匀即可。

功效　莲藕具有凉血止血、除烦解渴、滋阴强体、通便止泻、益脾健胃、养血生肌的功效。

土豆烧牛肉　增强体力

材料　牛肉300克，土豆块250克。

调料　料酒、酱油、醋各15克，葱末、姜片各10克，白糖、盐各3克。

做法

1　牛肉洗净、切块，焯烫。

2　锅内倒油烧至六成热，爆香葱末、姜片，放牛肉块、酱油、料酒、白糖、盐翻炒，倒入砂锅中，加清水，大火烧开后转小火炖50分钟，加土豆继续炖至熟软，放醋拌匀，收汁即可。

功效　这道菜富含蛋白质、维生素、膳食纤维，产后第4周的新妈妈食用，可增强体力。

强健身体

金针菇蒸鸡腿

材料 鸡腿2只，金针菇100克，鲜黑木耳丝50克。

调料 姜末、蒜末、蚝油、白糖、浓缩鸡汁、盐各适量。

做法

1 鸡腿洗净拭干，剁成块，焯至半熟；金针菇去根部，洗净后切半；将蚝油、白糖、浓缩鸡汁、盐、清水、姜末、蒜末拌匀，做成酱汁。

2 在鸡腿上铺一层鲜黑木耳丝和金针菇，均匀地浇入酱汁，大火隔水清蒸15分钟即可。

番茄炒蛋　提高免疫力

材料　番茄 250 克，鸡蛋 2 个。

调料　葱花、白糖各 5 克，盐 2 克。

做法

1. 将番茄洗净，切小块；将鸡蛋打散。
2. 将锅置于火上，放油烧热，倒入蛋液炒熟，盛出。
3. 锅中留底油烧热，爆香葱花，放入番茄块翻炒片刻，放入白糖、盐和炒好的鸡蛋，炒匀即可。

功效　番茄富含维生素和矿物质；鸡蛋富含优质蛋白质。二者搭配，可提高机体免疫力。

肉炒胡萝卜丝　强身、保护视力

材料　胡萝卜 250 克，瘦猪肉 100 克。

调料　葱丝、姜丝各 5 克，料酒、酱油各 10 克，盐 4 克。

做法

1. 胡萝卜洗净，去皮切丝；猪肉洗净，切丝，用料酒、酱油腌制。
2. 锅置火上，放油烧热，用葱丝、姜丝炝锅，下入肉丝翻炒，至肉丝变色盛出。
3. 炒锅倒油烧热，放入胡萝卜丝煸炒一会儿，加入盐和适量水，稍焖；待胡萝卜丝烂熟时，加肉丝翻炒均匀即可。

功效　产后第 4 周的新妈妈食用，可明目强身，增强抵抗力。

鳝鱼可补血补气、祛除风湿、强筋健骨，且富含蛋白质及 B 族维生素，能增强体力。

强筋健骨

三丝蒸白鳝

材料 鳝鱼 300 克，红甜椒 30 克。

调料 姜丝、葱丝、盐、生抽、料酒各适量。

做法

1 将鳝鱼处理干净，切段，加入盐、料酒、姜丝、生抽腌 20 分钟；红甜椒洗净，切丝。

2 将腌好的鳝段放在盘内摆好，底下垫一些葱丝，再摆上姜丝、红甜椒丝，淋少许植物油。

3 将鳝段放入开水锅中，隔水蒸 8 分钟即可。

萝卜牛腩煲　强体、消积滞

材料　牛腩400克，胡萝卜、白萝卜各150克。

调料　葱段、姜片、蒜瓣各5克，花椒、盐、料酒各适量。

做法

1 胡萝卜、白萝卜分别洗净，去皮，切滚刀块；牛腩洗净，切块，焯烫，沥水。

2 锅内放油烧热，爆香葱段、姜片、蒜瓣，放入花椒略炒，放入牛腩块翻炒，加入适量开水，放入胡萝卜块、白萝卜块、料酒，大火煮沸后转中火熬煮1小时，加盐调味即可。

番茄排骨汤　滋阴润燥

材料　排骨400克，番茄150克。

调料　番茄酱、水淀粉、姜丝、盐各适量。

做法

1 排骨洗净，焯水，捞起，冲去血沫；番茄洗净，去皮，切块。

2 锅置火上，放入姜丝、排骨，加入开水没过排骨，炖约50分钟，待排骨炖烂时，放入番茄及番茄酱、盐，略炖。起锅时用水淀粉勾芡，至汤汁黏稠即可。

功效　猪肉可滋阴润燥、补肾养血，对产后肾虚体弱、血虚、便秘有很好的食疗效果。搭配番茄，还可增进食欲、健胃消食。

第5章

产后第5周养肾餐

食材“重色”，促进腰肾功能恢复

新妈妈的身体状况

乳房	经过前 1 周的调理，本周新妈妈的乳汁分泌继续增加，此时要注意乳房的清洁，多余的乳汁一定要挤出来。哺乳时，要让宝宝含住整个乳晕，而不是仅含住乳头，可预防发生急性乳腺炎和乳头皲裂
子宫	到了第 5 周，自然分娩的新妈妈子宫已经恢复到产前大小，剖宫产的新妈妈会比自然分娩的新妈妈恢复稍慢一些
胃肠	新妈妈的肠胃功能基本恢复正常，但对于仍在哺乳的新妈妈来说，依然需要控制脂肪的摄入，避免对肠胃造成不利的影响
恶露	恶露基本没有了，白带也开始正常分泌了。从理论上讲，自然分娩的新妈妈此时已经可以过性生活了，但是部分新妈妈会感到疼痛和不舒服，所以建议 6 周后才可以。但剖宫产的新妈妈最好等到 3 个月之后
伤口及疼痛	会阴侧切的新妈妈基本感觉不到疼痛了，剖宫产的新妈妈偶尔会感到些疼痛，不过大多数新妈妈沉浸在照顾宝宝的辛苦和幸福中，对疼痛的反应并不明显
妊娠纹	有妊娠纹的新妈妈会发现本周妊娠纹的颜色变淡了，因为怀孕造成的腹壁松弛状况也在逐渐得到改善

金牌月嫂
温馨叮咛

天气晴朗时，可以出门活动了

如果天气温暖无风的话，妈妈可以带着宝宝到户外晒晒太阳了，既可以呼吸新鲜的空气，还能让宝宝开始认识这个大千世界。此外，外出活动还可以缓解产后抑郁。

饮食重点

扫一扫，看视频

黑色食物入肾，可适当多食

中医学将不同颜色的食物归属于人体的五脏：红色入心、绿色入肝、黄色入脾、白色入肺、黑色入肾。黑色食物入肾，能滋阴补肾，产后新妈妈多吃黑色食物可补养肾气，比如黑米、黑豆、黑木耳、黑芝麻、黑枣、葡萄、乌鸡等。

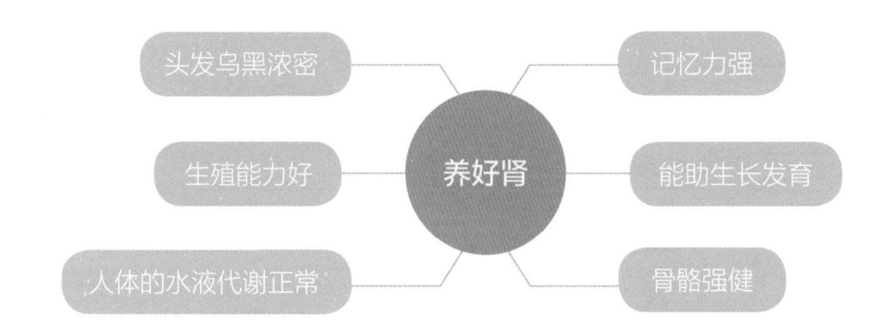

剖宫产妈妈尤其要注意腰肾功能的恢复

本周身体恢复的重点在于收缩子宫与骨盆腔，着重腰骨复原、骨盆腔复旧，促进新陈代谢，预防腰酸背痛。中医素有“以形补形”的食疗理论，建议此时多吃猪腰、羊腰等，以强腰固肾，帮助内脏和骨盆腔恢复，减轻腰酸背痛。

宝宝需要的钙量越来越多，妈妈要重视补钙

从营养需要量上看，哺乳期依然是钙需求量最大的阶段，孕期一般每天需要800～1000毫克钙，哺乳期每天需要1000毫克。新妈妈因为担负产奶的重任，每泌乳汁1000～1500毫升，就会失去约500毫克的钙，所以，产后新妈妈更要重视补钙，预防骨质疏松，同时也可避免宝宝缺钙。新妈妈可多食用奶及奶制品、豆制品、虾皮、芝麻、海产品等来补钙。

别忽略含钙蔬菜

新妈妈在饮食上贵在均衡，不可过食肉类，并且到了产后第 5 周大部分蔬菜和水果都可以吃了。因此新妈妈饮食补钙也要全面摄取，除了牛奶、豆腐、豆制品以外，还有很多蔬菜和水果也含有较多的钙质，新妈妈可有针对性地选择。

注　以上食材为每 100 克可食部含量。

想要筋骨好，补磷必不可少

磷与钙一样，都是构成骨骼的主要成分。燕麦等全谷类食物，奶制品，豆类，杏仁、花生等坚果，以及鸡肉、猪肉、牛肉和海产品中均含有丰富的磷，产后新妈妈可有针对性地补充。

每天一杯牛奶

牛奶中富含钙质以及维生素 D、蛋白质和钾等多种有益骨骼的营养成分，新妈妈可每天喝一杯，不仅能促进乳汁的分泌，还能防止缺钙。

但是最好不要空腹饮用牛奶，否则牛奶在胃内停留时间较短，会导致其所含的营养素不能被充分吸收利用。习惯早餐喝牛奶的新妈妈，喝牛奶时最好搭配一些淀粉类的食物，如馒头、面包等同食，可促进消化和吸收。另外，新妈妈如果睡眠欠佳也可以改在睡前喝牛奶，能够起到改善睡眠质量的作用。

有助强腰固肾的食材

猪腰

猪腰含有蛋白质、脂肪、碳水化合物、钙、磷、铁和维生素等，有健腰补肾、和肾理气之功效。

黑豆

黑豆可滋补肝肾；黑豆中的维生素 E 能够成为体内防止氧化的保护层；黑豆皮释放的花青素，可清除体内自由基，抗氧化活性更好，增强活力。

乌鸡

具有滋阴清热、补肝益肾、健脾止泻等作用，可提高生理功能、延缓衰老、强筋健骨，产后常食有助于强腰固肾，改善缺铁性贫血。

板栗

板栗可养胃健脾、补肾强筋、活血止血，对体虚腰酸腿软、脾胃虚弱有很好的食疗功效。

金牌定制月子套餐

妈妈一日菜单

早餐 7：00～8：00

葱花饼 1 张

丝瓜虾皮粥 1 碗

香菜炒猪血 1 盘

加餐 10：00

乌鸡山药汤 1 碗

午餐 12：00～12：30

米饭 1 碗

排骨豆腐虾皮汤 1 碗

胡萝卜炒西蓝花 1 盘

加餐 15：30

鸡蛋番茄疙瘩汤 1 碗

晚餐 18：00～19：30

南瓜饼 1 张

熘腰花 1 盘

白菜烧平菇 1 盘

加餐 21：00

栗香黑米黑豆浆 1 杯

金牌月嫂美食厨房

黑豆紫米粥　固肾益精

材料　紫米50克，黑豆50克，白糖5克。

做法

1　黑豆、紫米洗净，浸泡4小时。

2　锅置火上，加适量清水，用大火烧开，加紫米、黑豆煮沸，转小火煮1小时至熟，撒上白糖拌匀。

功效　黑豆有固肾益精、增强体力、调养肾虚及缓解疲劳的作用；紫米有滋阴补肾、明目活血等作用。二者搭配食用，有良好的健肾、益气、补虚的功效。

栗香黑米黑豆浆　补肾强身

材料　黑豆50克，黑米、栗子各20克。

调料　冰糖5克。

做法

1　黑豆用清水浸泡8～12小时，洗净；黑米洗净，浸泡2小时；栗子洗净，去壳取肉，切碎。

2　将上述食材倒入全自动豆浆机中，加水至上下水位线之间，按下“豆浆”键，煮至豆浆机提示豆浆做好，加冰糖搅拌至化即可。

排骨豆腐虾皮汤

补钙、催乳

材料 排骨100克，豆腐200克，虾皮5克，洋葱50克。

调料 姜片、料酒、盐各适量。

做法

1 洋葱去老皮，洗净，切片；排骨洗净，斩段，用沸水焯烫，撇出浮沫，捞出沥干水分；豆腐洗净，切块。

2 将排骨、姜片、料酒放入砂锅内，加入适量水，大火煮沸，转小火继续炖煮至七成熟；加豆腐块、虾皮、洋葱片，继续小火炖煮至熟，加盐调味即可。

熘腰花　益肾强腰

材料 猪腰300克。

调料 葱花、姜末、蒜末、酱油、料酒、水淀粉各5克，盐3克。

做法

1 猪腰洗净，除净腰臊，划出深而不透的交叉刀，再切成长条；取一个小碗，放入酱油、盐、水淀粉和适量清水，制成味汁；锅中加水烧沸，放入切好的猪腰，待腰子打卷成花状，迅速捞出沥干。

2 锅置火上，放油烧热，放入葱花、姜末、蒜末爆香；再放入腰花，加入适量料酒翻炒，倒入味汁翻炒均匀即可。

木耳枸杞炒猪肉　养肾、美容

材料 猪瘦肉丝250克，莴苣丝50克，黑木耳丝、黄瓜片各30克，枸杞子10克，樱桃7个。

调料 芡粉、姜片、葱段、料酒各适量。

做法

1 枸杞子洗净；樱桃洗净。

2 锅置火上，加入素油，烧至六成热时，下姜片、葱段爆炒，随即下猪瘦肉丝、料酒，炒变色，加入莴苣丝、黑木耳丝以及适量盐炒熟，加入枸杞子，略炒，装入盘内。

3 黄瓜片摆在盘的周围，放入樱桃装饰即成。

水晶虾仁

补钙、保护视力

材料 虾仁300克，鲜牛奶、鸡蛋清各50克。

调料 淀粉、料酒各5克，盐3克。

做法

1 虾仁洗净，挑去虾线，加入盐、淀粉、料酒腌渍15分钟。牛奶、鸡蛋清、淀粉、盐和腌虾仁同放碗中，充分搅拌均匀。

2 锅置火上，放油烧热，倒入拌匀的牛奶、虾仁，用小火翻炒，炒至牛奶刚熟，凝结成块，起锅装盘即可。

虾肉中富含维生素A，可保护眼睛；所含维生素E，有较强的抗氧化作用。新妈妈常食，可补钙、保护视力、美容养颜。

薏米南瓜汤　健脾益气

材料　南瓜200克，薏米100克，胡萝卜1根。

调料　白糖、牛奶各适量。

做法

1 薏米淘洗干净，用清水泡软；南瓜去皮，除子，洗净，蒸熟，放入搅拌机中打成泥；胡萝卜洗净，切大块。

2 锅置火上，放入胡萝卜块和适量清水烧开再煮20分钟，捞出胡萝卜块不用，在汤中倒入南瓜泥，用白糖、牛奶调味，加薏米煮熟即可。

葱爆羊肉　强腰健肾

材料　羊肉片300克，大葱150克。

调料　腌肉料（酱油、料酒各10克，淀粉少许），蒜片、料酒、酱油、醋各5克。

做法

1 羊肉片洗净，腌肉料在碗内调匀，将羊肉和腌肉料拌匀腌渍15分钟；大葱洗净，斜切成段。

2 锅置火上，倒入油烧热，爆香蒜片，放入肉片大火翻炒，约10秒钟后将葱段入锅，稍翻炒后先沿着锅边淋入料酒烹香，然后立刻加入酱油，翻炒一下，再沿锅边淋醋，炒拌均匀，见大葱断生即可。

菠萝和猪里脊肉搭配有助于产后新妈妈调理肠胃、滋阴补肾。

菠萝肉片

养胃、补肾

材料 菠萝 250 克，猪里脊肉 150 克，鸡蛋 1 个。

调料 盐 3 克，葱花 5 克，料酒、生抽、番茄酱、白醋、水淀粉、白糖各 10 克，淀粉适量。

做法

1 菠萝去皮切小块，用盐水浸泡；鸡蛋打散；猪里脊肉切片，加盐、生抽、料酒、鸡蛋液、少许淀粉拌匀稍腌。

2 锅置火上，油烧热后放入肉片滑散至变色，盛出备用。

3 锅里留少许油，放入番茄酱炒出红油，加白醋、白糖、盐、水淀粉勾成糖醋汁；放入泡好的菠萝块、炒好的肉片炒匀，撒上葱花，盛出即可。

鱿鱼寿司　补钙、补铁

材料　寿司饭300克，新鲜鱿鱼100克，鱼肉松、鱼子各适量。

调料　绿芥末、日本酱油、寿司姜各适量。

做法

1 新鲜鱿鱼用清水洗净，切成花枝状，放微波炉专用碗中；将碗放入微波炉中将鱿鱼烤熟。
2 洗净双手，蘸凉水；再在鱿鱼片上放上鱼子装饰即可。
3 取适量寿司饭捏成椭圆形饭团。在饭团一面拌上鱼肉松，上面盖上鱿鱼片，轻轻压紧；食用时，佐以绿芥末、日本酱油、寿司姜。

木耳腰片汤　健腰补肾

材料　猪腰150克，水发木耳100克。

调料　高汤、料酒、姜汁、盐、葱花各适量。

做法

1 猪腰洗净，除去薄膜，剖开去臊腺，切片；水发木耳洗净，撕成小片。
2 锅置火上，加水煮沸，加入料酒、姜汁、腰片，煮至颜色变白后捞出，放入汤碗中。
3 锅置火上，注入高汤煮沸，下入水发木耳，加盐调味，煮沸后起锅倒入放好腰片的汤碗中，撒上葱花即可。

功效　猪腰有健腰补肾、和肾理气的功效，与木耳搭配，还可润肠清肠、减肥清脂。

黄芪乌鸡汤

补中益气

材料 乌鸡300克，黄芪、胡萝卜各30克，枸杞子10克。

调料 盐2克。

做法

1 乌鸡治净，焯去血水；黄芪切片；胡萝卜去皮，洗净，切片；枸杞子洗净。

2 乌鸡、黄芪片、胡萝卜片、枸杞子放入炖盅中。

3 将盐用水化开，浇在乌鸡、黄芪片、胡萝卜上，上锅蒸50分钟即可。

黄芪乌鸡汤具有补中益气、补血的功效，有助于促进新陈代谢。

蜜奶芝麻羹 益肾养发

材料 牛奶100克，蜂蜜30克，黑芝麻10克。

做法

1 黑芝麻洗净，晾干，用小火炒熟，研成细末。

2 牛奶煮沸，放入黑芝麻末调匀，放温热后加蜂蜜搅匀即可。

功效 蜂蜜能润肠解毒；黑芝麻有润肠燥、益肾养发的作用；牛奶营养丰富，可补钙。

南瓜牛肉汤 补中益气

材料 南瓜300克，牛肉250克。

调料 盐、葱花、姜丝各适量。

做法

1 南瓜去皮、去瓤，洗净，切方块；牛肉洗净，去筋膜，切方块，焯去血沫。

2 汤锅内倒入适量清水，大火煮开，放入牛肉块，大火煮沸后转小火煮约1.5小时，加入南瓜块再煮30分钟，加盐、葱花、姜丝调味即可。

功效 牛肉具有补脾胃、益气血、强筋骨、消水肿等功效，有助于改善中气不足、气血两亏等症状；与南瓜搭配，则补中益气的效果更佳。

健脾益胃

芡实薏米老鸭汤

材料 芡实25克，薏米40克，净老鸭半只。

调料 盐3克。

做法

1 薏米洗净，浸泡3小时；老鸭洗净，剁成块。

2 将老鸭放入砂锅内，加适量清水，大火煮沸后加入薏米和芡实，小火炖煮2小时，加盐调味即可。

黑芝麻南瓜汁

补血益精、预防便秘

材料 南瓜 200 克，熟黑芝麻 25 克。

做法

1 南瓜洗净，去瓤，切小块，放入蒸锅中蒸熟，去皮，凉凉备用。

2 将南瓜和熟黑芝麻放入榨汁机中，加入适量饮用水搅打均匀即可。

功效 南瓜含有丰富的可溶性膳食纤维、维生素等营养素，可增强记忆力、预防便秘；与黑芝麻搭配，还能补血益肾。

猪肝番茄豌豆汤 **明目、养血**

材料 鲜猪肝 150 克，番茄 250 克，鲜豌豆 40 克。

调料 姜片 5 克，盐、香油、料酒、淀粉、酱油各适量。

做法

1 鲜猪肝洗净，切片，用料酒、淀粉、酱油腌渍；番茄洗净，去皮，切四瓣；鲜豌豆煮熟，过凉，沥干。

2 锅内倒入清水，大火烧沸后放番茄瓣、豌豆、姜片煮沸，转小火煲 10 分钟，放入猪肝片煮开，加入适量盐，淋入香油即可。

功效 猪肝富含铁质，有补肝、明目、养血的功效；豌豆可提高机体的抗病能力。

第6章

产后第 6 周滋补餐

滋补养身，恢复完美状态

新妈妈的身体状况

乳房	哺乳期悉心呵护乳房可以很好地防止乳房下垂，因为新妈妈在哺乳期乳腺内充满乳汁，乳房重量会增大，会加重下垂的程度。所以这时要精心挑选内衣，要选择乳房大小合适的 4/4 全罩杯的纯棉文胸，文胸带宽为 2 厘米左右，带子和罩杯竖直连接且有钢圈的文胸，能有效地支持和扶托乳房，避免乳房下垂，减轻运动和奔跑时乳房受到的震动。最好选择专门为哺乳妈妈设计的内衣，罩杯可以打开，有利于哺乳。即使在产乳期，就算胸闷也要坚持戴文胸，这样才能有效预防胸部下垂。同时要注意乳房卫生，避免发生感染
子宫	本周，新妈妈的子宫内膜已经基本复原，体积已经恢复到孕前大小
胃肠	胃肠基本没有什么不适的感觉了，本周吃些有瘦身作用的食物，会让肠胃更轻松
恶露	有些新妈妈已经开始来月经了。哺乳会影响新妈妈产后首次月经和排卵的时间，不哺乳的妈妈一般在产后 6～10 周可能会出现月经，而哺乳的妈妈普遍会延迟一段时间
伤口及疼痛	本周，妈妈和宝宝要一起接受产后检查，这时新妈妈会想起伤口的痛，也许只是一种条件反射，不必太在意
妊娠纹	有妊娠纹的新妈妈经过前 5 周的科学调理，妊娠纹变淡了很多，且皮肤趋于光滑、紧致，不再松弛粗糙了

金牌月嫂
温馨叮咛

“大姨妈”来了，也不影响喂奶

“大姨妈”一般在产后 6 ~ 8 周恢复，也有在产后 1 年甚至更长时间恢复的。而“大姨妈”来了，并不影响喂奶。因为奶是气血生化而成的，上行是乳汁，下行是经血。而人的气血是有限的，当妈妈来“大姨妈”时，就会导致乳汁分泌暂时减少，过去了又会多起来，但来“大姨妈”这段时间的乳汁营养是没有改变的，所以不影响喂奶。

饮食重点

扫一扫，看视频

多吃些补气的食物

新妈妈分娩后，一般都会有气虚和血虚的问题。气虚表现为气短、乏力、易出汗，有的还有脱肛、子宫下垂等症状。气能生血，所以新妈妈可以多吃一些具有补气功效的食物，有效地滋补元气，比如牛肉、乌鸡、鳝鱼、山药、莲藕、栗子、红枣、糯米等，但这些食物一定要烹调得比较软烂，这样更有益于新妈妈吸收，使这些食物充分发挥出补气的功效。

多吃些补虚的食物

新妈妈产后如果出现精神不振、头晕、面色萎黄、食欲匮乏、不想说话的情况就是气虚的表现。应当进食一些益气养血、滋阴补虚、增强食欲的食物来调理，比如黄芪、党参、红枣、银鱼、黄花菜、母鸡汤等。

适当补碘

摄入碘元素，不仅可以帮助去除体内的瘀血，还能补充在怀孕期间被胎宝宝夺去的大量甲状腺激素，而碘是生成甲状腺激素的重要成分。新妈妈补碘可选择海带、海藻等海产品，海产品在补碘的同时还富含矿物质成分，可以利尿消肿、帮助缓解新妈妈的抑郁情绪。

多吃些开胃助消化的食物

经过分娩，新妈妈的身体发生了巨大的变化，大多新妈妈会出现脾胃失和、食欲不佳等情况，这就要靠饮食慢慢调养，可多吃些调理脾胃的食物，比如玉米、糯米、山药、小米、土豆、白扁豆等。

多吃“好脂肪”，远离“坏脂肪”

饱和脂肪酸主要存在于动物性食物中，人体过多摄入会增加血液中的胆固醇，进而导致动脉硬化等心血管疾病及肥胖等，因此被称为“坏脂肪”，肥肉中含有饱和脂肪酸。

多不饱和脂肪酸是人体必需脂肪酸，主要指 ω-6 和 ω-3，这种脂肪酸人体不能自动合成，只能从食物中摄取，可以调节血脂，增强机体免疫力，新妈妈适当摄入后可以提高乳汁质量，促进宝宝大脑发育，被称为“好脂肪”。坚果类食物、三文鱼、橄榄油等含有不饱和脂肪酸。

适当吃点药膳调养身体

新妈妈经过分娩，耗费了很多的体力，加上日后照看孩子需要充足的精力，在月子期间适当调补，可为身体打下良好的基础。新妈妈适当吃点药膳，可调养补虚、补气补血，最好选用药食两用的中药材入汤、入粥、入菜，比如黄芪、当归、党参、枸杞子等。

养好心、五脏安，多吃养心食物

中医认为“心主血脉”，心的生理功能是将气血运送至全身各个脏腑及组织器官。因此，养好心，五脏安。产后新妈妈内调外养就要从养心开始。红色食物入心，可多吃红色食物，如红枣、番茄、牛肉等。另外，根据中医理论，“苦味与心脏对应”，因此养心可适当多吃苦味食物，可降心火，如苦瓜、苦苣、莴笋、莲子心等，在中医里面都属于味苦类，它们都能降心火。养心还要适当多吃水分多的蔬菜和水果，如冬瓜、西瓜等，以滋养心阴。

多吃呵护乳房健康的食物

女性在经历怀孕和生产之后，乳房结构发生了很大的变化，要对乳房加倍呵护，以免引发乳腺炎、乳腺增生等乳腺疾病。呵护乳房健康除了选对合适的胸衣、适当的按摩等以外，还要配合合理的饮食。

对乳房有益的食物有：大豆及豆制品、黑木耳、香菇、海带、牛奶及乳制品。

不挑食、不偏食

产后新妈妈每天大约需要 2700 ~ 2800 千卡的热量，因此新妈妈的饮食量大致应比怀孕前增加 30% 左右为好。无论新妈妈产后怎样繁忙，也要按时吃饭，粗细粮搭配，在饮食的搭配上也要均衡，荤素搭配、粗细兼顾，不挑食、不偏食。

有助滋补养身的食材

鳝鱼 中医认为，鳝鱼为温补强壮剂，可补中益气、滋补肝肾。

黄芪 黄芪味甘性微温，可补气、养血，利水消肿。

莲子 含有莲心碱、芦丁等成分，有养心安神之功效，可使人快速入睡。

红枣 红枣可健脾益胃、补气养血，提高产后新妈妈的免疫力。

金牌定制月子套餐

妈妈一日菜单

早餐 7：00~8：00

全麦面包 2 片

蜂蜜土豆粥 1 碗

煮鸡蛋 1 个

加餐 10：00

酸奶 1 杯

全麦饼干 2 块

午餐 12：00~12：30

葱香糯米卷 1 个

麻酱西蓝花 1 盘

排骨豆腐虾皮汤 1 碗

加餐 15：30

红枣莲子鸡汤 1 碗

晚餐 18：00~19：30

什锦面 1 碗

白菜烧平菇 1 盘

加餐 21：00

香草豆浆 1 杯

综合坚果碎 20 克

金牌月嫂美食厨房

蜂蜜土豆粥

养护肠胃、预防便秘

材料 土豆200克，大米100克。

调料 蜂蜜10克。

做法

1 土豆削皮，切碎；大米淘洗干净，浸泡30分钟。

2 锅置火上，放入土豆碎和大米煮至黏稠，关火凉至温热，加入蜂蜜，搅拌均匀即可。

功效 土豆含有大量的淀粉、B族维生素、维生素C、膳食纤维等，有很好的健脾养胃功效，与蜂蜜搭配，有助于维护肠胃健康、预防便秘。

白菜烧平菇 **强体瘦身**

材料 平菇200克，白菜150克。

调料 姜末、盐各3克，生抽2克。

做法

1 白菜洗净，切片；平菇洗净，撕小条，焯烫后捞出沥水。

2 锅内倒油烧热，爆香姜末，倒入白菜和平菇翻炒，加盐、生抽炒熟即可。

功效 平菇具有防癌抗癌、增强体质的作用；白菜可清热利水、通利肠胃。二者搭配，有助于增强体质、排毒瘦身。

山药羊肉汤

补气、养虚

材料 山药 200 克，羊肉 150 克。

调料 葱花、姜末、蒜末、水淀粉、盐、清汤各适量。

做法

1 将山药洗净，去皮，切片；羊肉洗净，切块，用植物油煸炒至变色后捞出。

2 锅置火上，倒植物油烧至八成热，放入葱花、姜末、蒜末爆出香味，放入山药片翻炒，倒入适量清汤，加入羊肉块，加盐调味，用水淀粉勾芡即可。

香草豆浆 养颜、催乳

材料 黄豆60克，香草5克。

调料 白糖5克。

做法

1 黄豆用清水浸泡8～12小时，洗净；香草洗净。

2 把上述食材一同倒入全自动豆浆机中，加水至上下水位线之间，按下“豆浆”键，煮至豆浆机提示豆浆做好，过滤后加白糖搅拌至化即可。

功效 黄豆含有的大豆异黄酮等可以延缓皮肤衰老、美容养颜，还有助于促进乳汁分泌。

鳝鱼苦瓜羹 滋补肝肾

材料 苦瓜150克，鳝鱼肉100克。

调料 葱末10克，姜末5克，盐2克，胡椒粉1克，水淀粉适量。

做法

1 苦瓜洗净，去蒂，除瓤和子，切小丁；鳝鱼肉洗净，切小丁。

2 锅置火上，倒油烧至七成热，炒香葱末和姜末，放入鳝鱼丁略炒，倒入适量清水，大火烧开后转小火煮至鳝鱼丁九成熟，下入苦瓜丁煮熟，加盐和胡椒粉调味，用水淀粉勾芡即可。

功效 鳝鱼可补中益气、滋补肝肾，与苦瓜搭配，还有助于控制血糖、清热祛暑。

牛奶炖木瓜

补钙、通乳

材料 木瓜 1 个，牛奶 250 克，红枣 25 克。

调料 冰糖 10 克。

做法

1 红枣洗净，去核；木瓜洗净，在顶部切开，将子及部分果肉刮出，备用。

2 炖盅置火上，将牛奶、木瓜肉、红枣、冰糖及适量水放入木瓜内，再将木瓜放入炖盅炖 20 分钟即可。

木瓜具有健脾消食、补充营养、活络通乳的功效，与牛奶搭配，可补钙健骨、提高乳汁质量。

番茄炒山药　**滋补强身**

材料　山药400克，番茄200克。

调料　葱花、姜末各5克，盐2克。

做法

1 山药去皮洗净，切菱形片；番茄洗净，入沸水锅中烫一下，捞出去皮，切小块；锅内加水烧开，将山药片焯水，捞出。

2 锅置火上，放油烧热，将葱花、姜末爆香；先放入番茄块翻炒；再加山药和盐，炒熟装盘即可。

功效　山药可滋补强身，番茄可生津止渴，健胃消食。

葱油蒸鸭　**大补虚劳**

材料　鸭肉500克，米粉30克。

调料　葱结、葱白段、醋、盐、植物油各适量。

做法

1 鸭肉洗净，切块，均匀地撒上米粉，放入七成热的油锅中炸至外皮起小泡，捞出待用。

2 锅置火上，加清水、醋、盐和鸭块，煮至滚时，撇去浮沫，盖上盖，小火焖烧5分钟，取出，放蒸碗中，放入葱结，上笼蒸至鸭肉酥烂，取出，拣去葱结。

3 净锅置火上，倒植物油烧热，下葱白段炸至金黄色，浇在鸭肉上即可。

海参可滋阴补肾、壮阳益精、养心润燥、补血调经，搭配虾仁，对产后虚弱劳怯、经血亏损有很好的食疗功效。

改善产后体虚

木耳海参虾仁汤

材料 水发海参、鲜虾仁各 100 克，水发木耳 25 克。

调料 葱花 10 克，姜丝 5 克，盐 2 克，水淀粉少许。

做法

1 水发海参去内脏，洗净，切丝；鲜虾仁去虾线，洗净；水发木耳择洗干净，撕成小朵。

2 汤锅置火上，倒油烧至七成热，炒香葱花、姜丝，倒入木耳朵、海参丝和鲜虾仁翻炒均匀，加适量清水大火烧沸，转小火煮 5 分钟，加盐调味，用水淀粉勾芡即可。

虾仁鱼片炖豆腐

补充钙及蛋白质

材料 鲜虾仁100克，鱼肉50克，嫩豆腐200克，青菜心30克。

调料 盐2克，葱末、姜末各3克。

做法

1 将虾仁、鱼肉洗净，鱼肉切片；青菜心洗净，切段；嫩豆腐洗净，切成小块。

2 锅置火上，放油烧热，下葱末、姜末爆锅，再下入青菜心稍炒，加水，放入虾仁、鱼肉片、豆腐块稍炖一会儿，加入盐调味即可。

鱼丸翡翠汤 **开胃促食**

材料 鱼丸150克，小油菜、粉丝各50克，枸杞子10克。

调料 盐4克，鱼高汤、葱末、姜末各适量。

做法

1 粉丝剪成段，洗净，泡软；小油菜洗净，切段；枸杞子洗净。

2 锅中倒入鱼高汤，大火烧开后加入鱼丸，轻轻搅动，撇去浮沫，煮至鱼丸全部浮起，加入小油菜段、粉丝段、枸杞子，大火煮开后加入盐、葱末、姜末调味即可。

补气养血

山药黄芪牛肉汤

材料 牛肉200克，山药100克，芡实50克，黄芪、桂圆肉各10克。

调料 葱段、姜片、盐、料酒各3克。

做法

1 牛肉洗净，切成块，焯去血水，捞出沥干；山药洗净，去皮，切成块；黄芪洗净，切片；芡实、桂圆肉分别洗净。

2 汤锅中放入适量清水，放入牛肉块、芡实、山药块、黄芪片、葱段、姜片，淋入料酒，大火煮沸后转小火慢煲2小时，放入桂圆肉，小火慢煲30分钟，加盐调味即可。

黄芪可补气、养血，利水消肿；山药滋肾益精；二者与牛肉搭配，可有效改善产后气血两亏、体虚等症状。

小米红枣粥 健脾养胃

材料 小米80克，红枣6枚，红豆30克。

调料 红糖5克。

做法

1 将红豆洗净，用水浸泡4小时；小米洗净；红枣洗净，去核，切半。

2 锅置火上，倒入适量清水烧开，加红豆煮至半熟，再放入小米、红枣煮至烂熟成粥，用红糖调味即可。

功效 小米红枣粥可健脾胃、补虚损、益肾气，常食可调理消化不良，有助于恢复体力。

栗子焖仔鸡 活血行乳

材料 净仔鸡1只，熟栗子50克。

调料 酱油、料酒各8克，葱末、姜片、白糖各5克，盐2克。

做法

1 净仔鸡洗净，斩块，焯透，捞出。

2 锅内倒油烧热，爆香葱末、姜片，倒入鸡块和栗子翻炒均匀，加酱油、料酒、白糖炖熟，用盐调味即可。

功效 这道菜有补虚、健脾、强筋、活血行乳、止带等功效，对产后体弱、体虚、胃下垂等极为有益。

咖喱牛肉盖浇饭

增强体质

材料 大米 150 克，牛肉、土豆各 100 克，胡萝卜 50 克。

调料 咖喱粉 15 克，蒜末、姜片、葱花各 5 克，盐 4 克，料酒 10 克，水淀粉适量。

做法

1 牛肉洗净，切小块，煮熟；土豆、胡萝卜去皮切块，大米煮成米饭。

2 油锅烧热，爆香蒜末、姜片，倒牛肉翻炒，加料酒、土豆块和胡萝卜块翻炒。

3 加咖喱粉和盐，加清水煮开，炖至汤汁变稠，用水淀粉勾芡，撒上葱花；将米饭盛入碗中，压平，倒扣在盘上，周围淋咖喱牛肉即可。

滋补强身

芝麻牛肉馅饼

材料 牛肉馅300克，面粉350克，干酵母2克，芝麻适量，温水200克，清水100克。

调料 料酒、白糖各15克，鸡蛋液20克，酱油10克，葱末、姜末、盐各适量。

做法

1 白糖用清水化开成糖水；牛肉馅中加盐、料酒、鸡蛋液、酱油、葱末和姜末，搅拌均匀成馅料；干酵母用少许温水化开，加面粉中搅匀，分次加剩余的温水和成面团，加盖醒发至原体积2倍大。

2 发好的面团揉匀至完全排气，搓条；切剂子，擀皮后包入馅料，收口；锅烧热，底部均匀地刷层油；将包好的馅饼按扁，在馅饼表面刷糖水，蘸芝麻，用手将芝麻压实。

3 将馅饼逐个放入锅内，先将有芝麻的一面煎2分钟；待一面煎黄后，再翻面加盖煎另一面，煎4分钟，最后再翻面煎1分钟即可。

芝麻和牛肉搭配做馅饼，可滋补强身，补肾，有利于产后新妈妈增强体力。

第7章

产后第 7 周美肤餐

摄入果蔬胶原，让肌肤更弹、更润

新妈妈的身体状况

经过生产，新妈妈的身体发生了巨大的变化，这里就详细看一下，新妈妈身体各器官在产前产后都有哪些变化。

	孕期	产后
体重	一般来说整个孕期会增长 10～12 千克，也有的增加 12～15 千克，甚至更多	分娩后，由于胎儿、胎盘、羊水等被排出体外，体重会减少 4.5 千克左右，产后的几天由于排尿和体内水分的排出，体重会继续减轻 1.8 千克左右
子宫	孕期子宫的重量已经达到平常的 15 倍重，子宫的容纳量也达到了怀孕前的 500 倍以上	产后 1 周，子宫的重量会降到约 0.5 千克，大约是生产时子宫重量的一半。2 周后，子宫重量会减少到只有 300 多克，并且缩到骨盆中。4～6 周后，它的重量会恢复到怀孕前的水平，大约 70 克
阴道	分泌物增多	分娩后不久的阴道壁呈青紫色，有些肿胀，没有褶皱。产后 1 周左右，阴道恢复到分娩前的宽度，在产后 4 周左右，再次形成褶皱，基本上恢复到原来的状态
乳房	乳晕逐渐扩大，颜色变深，到孕后期有乳汁渗出	产后开始泌乳
腹部	被子宫撑起	产后腹部仍然隆起，一般配合适当的运动，产后 3～6 个月会逐渐恢复

金牌月嫂
温馨叮咛

自制番茄面粉面膜，润白肌肤、细致毛孔

配方：番茄 1 个，面粉少许。

制作：番茄洗净，去皮后榨汁，在番茄汁中加入面粉调匀即可。

用法：洁面后将番茄面膜均匀涂在脸上，15 分钟后用温水洗净，每周使用 3 次。

饮食重点

扫一扫，看视频

维生素 C 和维生素 E 完美组合，防衰老、润泽肌肤

维生素 C 是一种抗氧化剂，有美白、抗衰老的作用，能帮助抵御紫外线损害，还能淡斑、锁水、保湿，使皮肤具有弹性。维生素 E 是一种强抗氧化剂，能保护肌肤免受自由基的损伤，延缓皱纹产生，还能有效抵制脂褐素的沉积，使皮肤保持白皙。产后新妈妈适当多食用一些富含维生素 C 和维生素 E 的食物，如樱桃、草莓、木瓜、猕猴桃、橙子、白菜、芥蓝、菜花、黑芝麻、核桃等，对于保养肌肤有很大的帮助。

进食滋阴补血的食物

女性的好气色离不开气血的旺盛和内分泌的平衡，阿胶、燕窝、桂圆、黑芝麻等食物含有氨基酸、维生素、胶原蛋白等多种增加肌肤活力的活性物质，同时还可调节内分泌，延缓衰老，有明显的祛斑、防皱、抗衰老作用。

补铁可使面色红润有光泽

铁是构成血液中血色素的主要成分之一，血色素具有保持皮肤红润、光泽的作用，还能防止产后贫血，因此新妈妈的膳食中富含铁元素的食物必不可少，如动物肝脏、动物血、海带、芝麻、黑豆、菠菜、芹菜等。相对来说，动物性食物中所含的铁比植物性食物中的铁更易被人体吸收，吸收率也高，因此补铁时可首选动物性食物。

清晨起床先喝杯温开水

清晨起床后，先喝一杯温开水，可以很好地被身体吸收并输送至全身，有助血液净化、循环，滋润肌肤，让皮肤看起来水嫩光泽。另外，新妈妈产后长斑主要是因为体内毒素堆积所致，每天空腹喝一杯温水可以冲洗肠道，促进体内毒素的排出。不仅如此，新妈妈每天也要保证摄入足够的水，以满足身体新陈代谢的需要，让肌肤保持水润滋养，减少细纹和皱纹产生，帮助细胞获取营养物质并清除毒素。

每周吃 1~2 次深海鱼

金枪鱼、三文鱼等深海鱼中富含 ω-3 不饱和脂肪酸成分，能消除损伤皮肤胶原及皮肤保湿因子的生物活性物质，防止皱纹产生，避免皮肤变得粗糙。对于哺乳期新妈妈来说，每周吃 1 ~ 2 次深海鱼还能提高乳汁质量，促进宝宝的大脑发育。

多吃能抵抗自由基的抗氧化食物

科学研究发现，蔬菜和水果等植物性食物中含有很多植物营养素，这是一种不同于维生素和矿物质等的营养成分，对健康极为有益，尤其以非常突出的抗氧化功效而著称。比较有名的抗氧化剂有番茄红素（番茄）、β-胡萝卜素（胡萝卜、菠菜、芒果）、花青素（葡萄）、玉米黄素（玉米、猕猴桃）等，具有很强的抗氧化功效，能够抵抗自由基，延缓衰老。

适当进食富含胶原蛋白的食物

胶原蛋白能增加皮肤弹性，延缓皱纹产生。新妈妈经过生产，肌肤有所松弛在所难免，适当多吃富含胶原蛋白的食物可防止肌肤松弛下垂。

胶原蛋白大多存在于动物性食物中，猪脚、肉皮、牛蹄筋、鸡脚、鱼皮、鱼翅等中含量丰富。为了使食物中的胶原蛋白释放出来，用炖、煮、烧和煲汤的烹调方法最佳。但要注意，这些食物大多数脂肪含量较高，为了避免产后肥胖最好不要经常食用，每周可以吃 1 ~ 2 次。

长妊娠斑的新妈妈可多吃淡斑食物

很多新妈妈在孕期就长有妊娠斑，有的妊娠斑在产后可消退，有的却还很顽固。因此，在饮食中适当多吃帮助淡化色素、防止色素沉积的食物可以起到淡斑和防止妊娠斑加重的目的，黄豆及豆制品、牛奶、丝瓜、番茄等都对消除黄褐斑有一定的辅助作用。如果新妈妈的妊娠斑严重，可以在医生指导下适当服用一些中药来淡斑。

有助养颜润肤的食材

银耳

银耳富含胶原蛋白，多吃银耳可以让皮肤变得细腻有弹性。

百合

百合富含黏液质及维生素，对皮肤细胞新陈代谢有益，常食百合，有一定的美容作用。

猕猴桃

猕猴桃中的维生素C能有效抑制皮肤内多巴醌的氧化作用，使皮肤中深色氧化型色素转化为还原型浅色素，干扰黑色素的形成，预防色素沉淀，保持皮肤白皙。

黄瓜

黄瓜中含有丰富的维生素E，可起到延年益寿，抗衰老的作用；黄瓜中的黄瓜酶，有很强的生物活性，能有效促进机体的新陈代谢。用黄瓜捣汁涂擦皮肤，有润肤、舒展皱纹的功效。

金牌定制月子套餐

妈妈一日菜单

早餐　7：00～8：00

牛肉饼

薏米雪梨粥

加餐　10：00

煮鸡蛋1个

午餐　12：00～12：30

米饭1碗

清蒸鲢鱼1盘

黄瓜猕猴桃汁1杯

加餐　15：30

苏打饼干2片

晚餐　18：00～19：30

花卷1个

鸡汁牙白1盘

苹果雪梨银耳汤1碗

加餐　21：00

鸡蛋羹1碗

金牌月嫂美食厨房

薏米雪梨粥 改善肤色

材料 薏米、大米各 50 克，雪梨 1 个。

做法

1 薏米淘洗干净，用清水浸泡 4 小时；大米淘洗干净；雪梨洗净，去皮和蒂，除核，切丁。

2 锅置火上，放入薏米、大米和适量清水大火煮沸，转小火煮至米粒熟烂，放入雪梨丁煮沸即可。

功效 薏米富含维生素 E，常食可使皮肤细腻、有光泽，改善肤色；雪梨可滋阴润燥。产后的新妈妈食用，有助于美白肌肤、滋阴润燥。

清爽芦荟羹 改善肤质

材料 芦荟 250 克，西瓜 100 克。

调料 冰糖、水淀粉各适量。

做法

1 芦荟去皮，洗净，切片；西瓜去皮、去子，洗净，切成菱形块。

2 锅中倒入清水，放入芦荟片和西瓜块，加入冰糖，大火烧开，用水淀粉勾芡即可。

银耳中富含天然植物性胶质，再加上它的滋阴作用，长期食用可以润肤，并有去除脸部黄褐斑、雀斑的功效。此汤对产后新妈妈有美容去斑、抗衰老的作用。

美容祛斑

苹果雪梨银耳汤

材料 雪梨1个，苹果半个，荸荠50克，银耳20克，枸杞子、陈皮各适量。

做法

1 将雪梨、苹果洗净，切块；荸荠削去外皮；银耳泡发，去黄蒂，撕成小朵备用。

2 锅中放适量清水，放入陈皮，待水煮沸后，再放入雪梨块、苹果块、银耳、枸杞子和荸荠，大火煮约20分钟，转小火继续煮2小时即可。

黄瓜猕猴桃汁 养颜、抗衰

材料 黄瓜100克，葡萄柚150克，猕猴桃50克，柠檬50克。

做法

1 黄瓜洗净，切小块；猕猴桃洗净、去皮，切小块；葡萄柚、柠檬各去皮和子，切小块。
2 将上述材料和适量饮用水一起放入果汁机中搅打均匀即可。

功效 黄瓜、猕猴桃和葡萄柚的维生素C含量都很高，可抗衰老、养颜美容、美白肌肤。

番茄汁 延缓衰老

材料 番茄300克。

调料 蜂蜜适量。

做法

1 番茄洗净，切小丁。
2 将切好的番茄丁放入果汁机中，加适量饮用水搅打，打好后加入蜂蜜搅拌均匀即可。

功效 番茄富含维生素和番茄红素，具有很强的抗氧化活性，能够清除自由基，防癌抗癌、延缓衰老、美容润肤。适合产后的新妈妈食用。

银耳南瓜汤

润肤、祛斑

材料 南瓜 100 克，干银耳、干虾仁各 5 克。

调料 葱花、花椒粉、盐各 3 克。

做法

1 干银耳用清水泡发，去蒂，洗净，撕成小朵；南瓜去皮、去瓤，洗净，切块；干虾仁用水泡发。

2 汤锅放置火上，倒入适量植物油，待油烧至七成热时，加葱花、花椒粉炒香，放入南瓜块、银耳和虾仁翻炒均匀，加适量清水，捞出葱花不用，煮至南瓜软烂，用盐调味即可。

南瓜可润肤美容、防癌抗癌，与银耳搭配常食，对于去除黄褐斑、雀斑有一定的功效。

百合双豆甜汤　解毒、养颜

材料　绿豆、红豆各50克，鲜百合100克。

调料　冰糖适量。

做法

1 绿豆、红豆分别洗净，用清水泡8～10小时；鲜百合掰片，用清水洗净。

2 锅置火上，把泡好的绿豆、红豆放入锅内，加1200毫升清水大火煮开，然后改小火煮至豆子软烂，再放入百合和冰糖稍煮片刻，搅拌均匀即可。

功效　红豆有润肤养颜的功效，还能通乳、去水肿，绿豆可以清热解毒，百合对皮肤细胞新陈代谢有益。

海米炒黄瓜　促进代谢

材料　黄瓜300克，海米20克。

调料　葱末、姜末各5克，盐4克。

做法

1 黄瓜洗净，切成长条；海米用清水冲洗，放入温水中泡软。

2 锅置火上，放油烧至六成热，下葱末、姜末炒香，加入海米略炒后，放黄瓜翻炒，加盐调味，炒1分钟即可。

功效　黄瓜中的黄瓜酶有很强的生物活性，能有效促进机体的新陈代谢。这道菜可帮助产后的新妈妈润肤去皱。

白菜（黄芽白）中含有丰富的维生素C、维生素E，可以起到保护皮肤和美容养颜的效果，适合产后的新妈妈食用。

鸡汁芽白

润肤、通便

材料 黄芽白200克，鸡汁300克。

调料 盐适量。

做法

1 将黄芽白洗净，去老叶，切成4厘米长的段。

2 黄芽白放入开水中稍煮一下，煮到叶子变软即可捞出，放入凉水中泡一阵。

3 泡好的黄芽白装盘，加植物油、盐、鸡汁搅拌均匀，下屉，大火蒸5分钟；关火，取出黄芽白即可。

开洋白菜　润肠、护肤

材料　白菜200克，水发香菇、海米（开洋）、胡萝卜各30克。

调料　盐2克，高汤适量。

做法

1　白菜洗净，片成片；海米洗净，泡发；香菇洗净，去蒂，切块；胡萝卜洗净切片。

2　油锅烧热，炒香海米和香菇，放白菜和胡萝卜片，倒高汤炒熟，加盐即可。

功效　白菜促消化，润肠，护肤养颜，非常适合产后新妈妈食用。

软酥凤爪　补充胶原蛋白

材料　凤爪500克。

调料　干淀粉、白糖、盐、葱末、姜末、姜碎、酱油、黄酒各适量。

做法

1　凤爪刮去粗皮，剁去爪尖，洗净，用水浸泡2小时，沥干，用盐、酱油、葱末、黄酒、姜碎抓匀，腌渍10分钟，炸黄，沥油。

2　锅置火上，倒植物油烧热，放入姜末炒香，加凤爪、清水、白糖、盐、黄酒、酱油，稍焖，取出，装入碗中，裹一层干淀粉，上笼蒸烂，取出，覆在盘中，撒葱末即可。

排毒养颜

莲藕海带煲猪骨

材料 莲藕150克，猪骨100克，水发海带、胡萝卜各50克。

调料 料酒10克，盐3克，姜片少许。

做法

1 莲藕去皮，洗净，切块；海带洗净，切小片；猪骨剁成小块，焯去血水；胡萝卜去皮，洗净，切滚刀块。

2 汤锅放入上述食材及姜片后置火上，淋入料酒，加入约为食材3倍的水，大火烧开后用小火煲1.5小时左右，加盐调味即可。

莲藕可滋阴强体、通便止泻、益胃健脾、养血生肌，海带可理气润肠、排毒养颜；二者与猪骨搭配，还有助于健脾养血，益阴除烦。

白果冬瓜莲子汤 **养心、润肤**

材料 冬瓜200克，白果20克，莲子40克。

调料 白糖适量。

做法

1 冬瓜洗净，去皮、去瓤，切块；白果去壳取肉，去外层薄膜，洗净；莲子浸泡，去心，洗净。

2 将冬瓜块、莲子、白果放入汤锅中，加入适量清水，大火煮沸，转小火熬煮30分钟，加入白糖煮化即可。

功效 冬瓜可清热解暑、润肤美白，莲子可滋阴补虚、强心安神，二者与白果搭配，有助于滋阴养颜抗衰老，使人肌肤、面部红润。

黄瓜糙米饭 **补充胶原蛋白**

材料 糙米150克，黄瓜80克。

调料 鸡汤适量。

做法

1 糙米洗净，浸泡2小时；黄瓜洗净，切成小丁。

2 把糙米放入电饭锅，加适量清水蒸成糙米饭，用筷子搅松，放入黄瓜丁、加少许鸡汤稍蒸即可。

功效 糙米中含B族维生素和维生素E，能提高人体免疫功能，促进血液循环；黄瓜中的黄瓜酶有很强的生物活性，能有效地促进机体的新陈代谢。

芝麻汤圆

养血、护肤

材料 黑芝麻50克，糯米粉250克。

调料 熟猪油、白糖各25克。

做法

1 黑芝麻洗净，沥干水分；将黑芝麻放入无油的锅中炒香，放凉；熟黑芝麻放案板上，碾碎成末。

2 将黑芝麻末、白糖、熟猪油一起拌匀成馅；糯米粉加水和成面团，下剂子；将剂子按扁，包入黑芝麻馅，制成球状。

3 锅中加适量清水烧开，下入黑芝麻汤圆，煮熟，盛入碗中即可。

蒸豆沙圆子

润肠通便

材料 糯米粉200克，豆沙馅50克，巧克力碎适量。

做法

1 糯米粉加适量清水合成面团，制成剂子；糯米粉剂子中包入豆沙馅，制成球形。

2 将糯米粉剂子放入沸水锅中，上笼蒸熟。待稍凉，取出，撒上巧克力碎即可。

豆沙有润肠通便的作用，促进新陈代谢，适合产后新妈妈食用。

第8章

产后第8周瘦身餐

控热多纤，让身材苗条如初

新妈妈的身体状况

产后呵护卵巢健康

卵巢是女性分泌雌激素的内分泌器官，卵巢保养得好，可使女性皮肤水润、有弹性，生殖和机体健康，胸部丰满、坚实，保持人体内 9 大系统 400 多个部位的年轻状态。一旦卵巢早衰，雌激素的分泌减少，就会导致人体各部位的快速衰老和病症。因此卵巢保养成为女性产后保持“女人味”的重要内容。

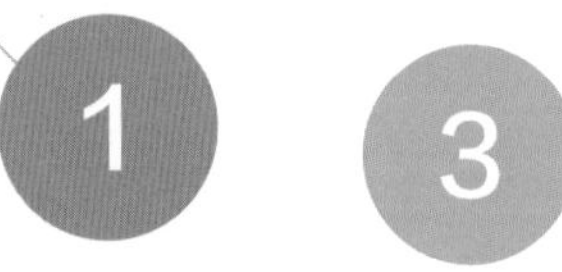

1 学会自我解压。女性长期处于压力大、精神紧张的状态下，会引起体内激素水平失调。

2 起居有常，睡眠充足，劳逸结合。

3 多吃新鲜蔬菜、鱼虾、木耳、薯类及苹果、柑橘等富含维生素和纤维素的食物。

用一生的时间爱护子宫

子宫是女人最重要的生殖器官，是女人孕育胎儿的基地，产生月经的主要场所。子宫位于骨盆腔中央，在膀胱与直肠之间。子宫大小与年龄及生育有关，成年女性的子宫（长 7 ~ 8 厘米，宽 4 ~ 5 厘米，厚 2 ~ 3 厘米），子宫腔容量约 5 毫升。

保养子宫，要从下列各个方面关注：

1 饮食宜清淡，减少高脂肪食物的摄入。

2 注意观察月经和白带，如果发现白带增多，或经期出血异常，要及时去医院检查，做到早诊断、早治疗。

3 产后要注意休息，女性产后若不注意卧床休息，坚持做下蹲劳动或干重活，就会因腹部受压迫，而影响子宫的恢复，很有可能发生子宫脱垂。

4 不要纵欲。生活放纵，性生活不洁，极易使病原体经阴道进入子宫腔内，引起子宫内膜感染、宫颈糜烂，导致子宫颈癌等疾病。

饮食重点

扫一扫，看视频

增加膳食纤维的摄入

膳食纤维被称为人体不可缺少的“第七营养素”，能促进肠道蠕动，加快排便速度，防止便秘，增加饱腹感，减少热量囤积，有助于控制体重，而且脂肪含量相对较低，特别适合新妈妈产后瘦身食用。蔬菜、水果、谷类、豆类等食物中都富含膳食纤维。膳食纤维的摄入量以每日不超过 35 克为宜，否则会影响其他营养素的吸收。

建立好的进食顺序

蔬菜富含膳食纤维、矿物质和维生素，并且热量十分低，吃后能增加饱腹感，适合产后瘦身的新妈妈食用。此外，新妈妈在进餐时可调整进餐顺序，可以先吃蔬菜类的食物，增加胃的饱足感，然后再喝汤，接着吃主食，最后吃富含蛋白质的肉类食物。这样既能保证营养需要，又能减少进食量，有利于控制体重。

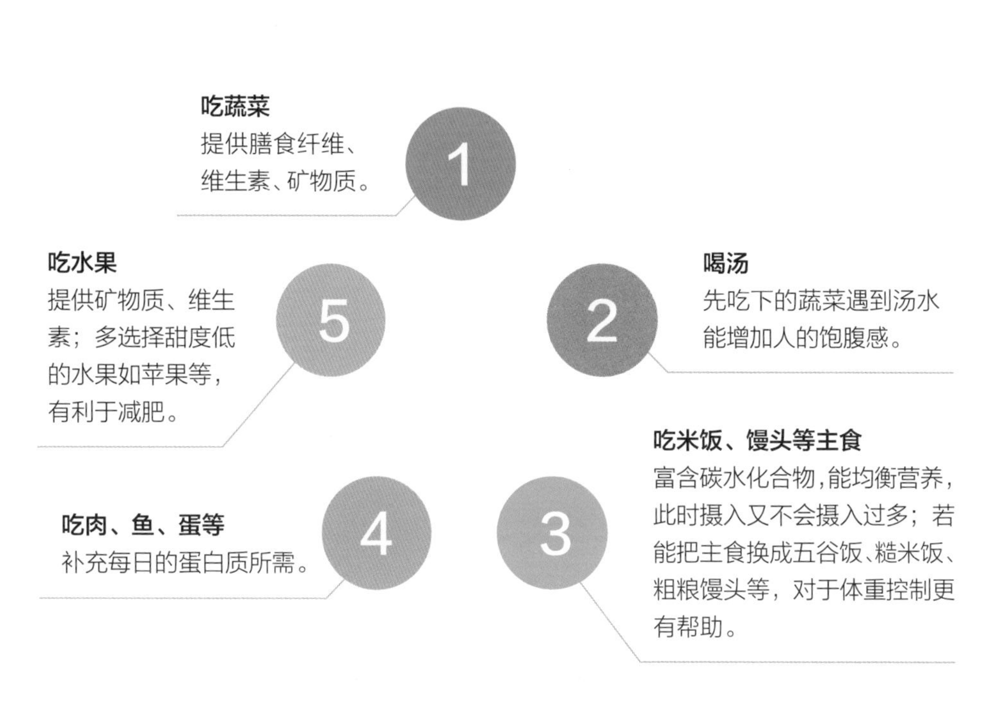

控制总热量摄入

新妈妈在控制体重时可以采取少食多餐的方式，这样能让食物消化得更彻底，也可以有效控制每餐的食量，让代谢相对处于平稳的状态。但前提是每日摄入的总热量是固定的，只是把总热量分成更多餐次来吃，如果餐次增加了，每餐的量没减少，那么就会适得其反。

保证营养的前提下，可选择低热量食物

饮食减肥的最终目的就是让摄入的热量小于消耗的热量，所以低热量食物才是新妈妈控制体重的首选。但是不要单纯减少进食量而忽略食物的选择，比如吃25克牛排的热量要比吃100克蔬菜的热量还高，因此二者相比，低热量才是首选。

哺乳期不要强制节食

新妈妈想恢复怀孕前的身材，饮食很关键，但绝对不能靠节食恢复以前的身材，因为节食不仅会导致乳汁分泌不足、影响乳汁质量，还对自身的身体恢复不利。产后瘦身更不要吃任何减肥药，而是应该健康地苗条起来，靠合理的饮食加上运动。一般来讲，每天摄入的总能量应恢复至怀孕前的水平（中等身材、标准体重的女性，每天需摄入1600～1800千卡的能量），保证三餐能量分配得当：早餐吃好，午餐吃饱，晚餐吃少，晚餐后不要再吃其他零食，尤其是甜食。

放缓吃饭速度，每口咀嚼30次

减慢进餐速度、细嚼慢咽是非常有助于减肥的。狼吞虎咽只会让进食过量，而根本不利于减肥。每口饭咀嚼30下，能使进食速度大大减慢，细嚼慢咽还能让人产生饱腹感，并且不会增加胃的负担。

适当多吃“白肉”，每周吃1～2次“红肉”补铁

“白肉”（鱼、鸡肉、鸭肉等）与“红肉”（猪、牛、羊肉）相比，脂肪含量相对较低，不饱和脂肪酸含量较高，因此，可将“白肉”作为食肉的首选，但是也不要完全不吃“红肉”，每周吃1～2次红肉可保证铁的供给。红肉应尽量选脂肪少的瘦肉。肉类在烹饪时宜采用蒸、煮等方式，既能减少用油，也能减少脂肪的摄入。

有助身材苗条的食材

魔芋

魔芋热量低，而且含大量的葡甘露聚糖，能增强饱腹感，新妈妈食后可以减少摄入其他食物的数量和能量，达到自然减肥的效果。

虾

虾中蛋白质含量很高，但脂肪含量极低，是理想的减肥食物。

冬瓜

冬瓜不含脂肪，富含膳食纤维、铁、钙、磷等，能利尿清热，其所含丙醇二酸，可阻止体内脂肪堆积。

黄瓜

黄瓜有助于抑制各种食物中的碳水化合物在体内转化为脂肪，清热败火，是良好的减肥食物。

金牌定制月子套餐

妈妈一日菜单

早餐　7：00～8：00

花卷 1 个

爽口木耳 1 盘

香菜黄瓜汤 1 碗

加餐　10：00

苹果 1 个

午餐　12：00～12：30

米饭 1 碗

番茄炒蛋 1 盘

清蒸冬瓜排骨汤 1 碗

加餐　15：30

牛奶 1 杯

晚餐　18：00～19：30

南瓜饼 1 张

清炒油麦菜 1 盘

苹果莴笋汁

加餐　21：00

红豆绿豆瘦身粥 1 碗

金牌月嫂美食厨房

凉拌魔芋丝 消除饥饿感

材料 魔芋100克，黄瓜、金针菇各50克。

调料 酱油、白醋各10克，盐2克。

做法

1 魔芋冲洗一下，切成丝；金针菇洗净与魔芋丝放入沸水中焯一下，捞出；黄瓜洗净，切丝。

2 魔芋丝、金针菇和黄瓜丝全部放入碗中，加酱油、盐、白醋搅拌均匀即可。

功效 魔芋中含量最大的葡甘露聚糖具有强大的膨胀力，既可填充胃肠，消除饥饿感，又因其所含的热量微乎其微，对于控制体重非常理想。

红豆绿豆瘦身粥 消脂减肥

材料 红豆、绿豆各30克，大米100克，山楂30克，红枣10颗。

做法

1 红豆、绿豆分别淘洗干净，浸泡4小时；大米淘洗干净，浸泡30分钟；山楂、红枣分别洗净。

2 锅置火上，加适量清水煮沸，放入红豆煮15分钟，倒入大米、绿豆、红枣煮至七成熟，加山楂，煮至豆烂即可。

功效 豆类富含大量膳食纤维，可以增强饱腹感，从而达到少食饱腹的效果；山楂可健胃益气，减少多余脂肪。

海带中的褐藻酸，可抑制肠道对脂肪的吸收；生姜中的姜酮、姜酚、姜醇以及黄豆中的膳食纤维也有帮助减肥的作用。

抑制脂肪吸收

姜味海带豆浆

材料 黄豆60克，水发海带25克，生姜15克。

调料 冰糖10克。

做法

1 黄豆用清水浸泡8～12小时，洗净；生姜去皮，洗净，切碎；海带洗净，切小丁。

2 将上述食材倒入全自动豆浆机中，加水至上、下水位线之间，按下“豆浆”键，煮至豆浆机提示豆浆做好，过滤后加入冰糖搅拌至化开即可。

爽口木耳　防止肥胖

材料　水发木耳 200 克，青椒、红椒各 10 克。

调料　葱末、蒜末、盐各 3 克，生抽、白糖、醋各 5 克。

做法

1 木耳择洗干净，撕成小朵，焯熟，捞出放凉，控净水；青、红椒去蒂及子，切丝。

2 将木耳、青椒丝、红椒丝、葱末、蒜末、盐、白糖、生抽、醋拌匀即可。

功效　木耳能够促进胃肠蠕动，加快肠道内脂肪类食物的排泄，减少机体对脂肪的吸收，产后的新妈妈食用，可防止肥胖。

苹果莴笋汁　促进脂肪代谢

材料　苹果 200 克，莴笋叶 5 克，柠檬 30 克。

调料　蜂蜜适量。

做法

1 苹果洗净，去皮、去核，切小块；莴笋叶洗净，切碎；柠檬去皮、去子。

2 将上述食材倒入榨汁机中，加入少量凉饮用水，搅打均匀，过滤后倒入杯中，加入蜂蜜调味即可。

功效　莴笋可促进排尿和乳汁的分泌。苹果中的果胶属于可溶性膳食纤维，能加快胆固醇代谢，有效降低胆固醇水平，加快脂肪代谢。二者搭配榨汁，有利于产后新妈妈乳汁分泌和减肥瘦身。

黄瓜银耳汤

减肥、安神

材料 黄瓜 200 克，干银耳 5 克。

调料 葱花、盐、香油各适量。

做法

1 黄瓜洗净，去蒂，切片；干银耳用温水泡发，择洗干净，撕成小朵。

2 锅置火上，加适量清水中火煮沸，放入银耳、黄瓜片、葱花煮 5 分钟，用盐和香油调味即可。

黄瓜富含水分和维生素，有很好的减肥、抗衰老作用，与银耳搭配，还能安神除烦。

油菜香菇魔芋汤 **通便、减肥**

材料 油菜100克，干香菇15克，魔芋、胡萝卜各50克。

调料 盐3克，蘑菇高汤适量。

做法

1 油菜洗净，用手撕成小片；香菇洗净，泡发（泡发香菇的水留用），去蒂，切小块；魔芋洗净，切块；胡萝卜洗净，切圆薄片。

2 锅中倒蘑菇高汤和泡发香菇的水，大火烧开，放香菇块、魔芋块、胡萝卜片烧至八成熟，放油菜煮熟，加盐调味即可。

白萝卜银耳汤 **加快肠胃蠕动**

材料 白萝卜100克，干银耳5克。

调料 鸭汤适量。

做法

1 白萝卜洗净，切成丝；银耳泡发，去除杂质，撕成块。

2 锅中倒入鸭汤，放入白萝卜丝和银耳块，用小火炖熟即可。

功效 白萝卜可促进消化、增强食欲、加快胃肠蠕动、止咳化痰；银耳具有润肺生津、滋阴养胃、益气安神等作用；配以清热去火的鸭汤，滋阴止咳效果更明显。

清蒸冬瓜排骨汤

健骨、减肥

材料 猪排骨500克，冬瓜300克。

调料 盐3克，料酒10克，姜片、葱花各2克，鲜汤适量。

做法

1 猪排骨洗净，剁成段，放入沸水中焯透，放入大碗中；冬瓜去皮及子，洗净，切成0.5厘米厚的片。

2 锅内倒入鲜汤，加盐、料酒烧沸，放入葱花、姜片，撇去浮沫，倒入装有猪排骨的碗中，放入冬瓜片，入蒸锅蒸至猪排骨熟透，取出，撇去浮沫即可。

洋葱芹菜菠萝汁 预防肥胖

材料 芹菜、菠萝各 50 克，洋葱 30 克。

调料 蜂蜜或白糖少许。

做法

1 菠萝、洋葱分别洗净、去皮、切丁；芹菜洗净切段。

2 将备好的材料放入榨汁机中榨汁。

3 加入少量蜂蜜或白糖，搅拌均匀即可。

功效 芹菜可通便，预防产后便秘；搭配洋葱、菠萝，还可预防产后血压升高及肥胖。

冬瓜虾仁汤 补钙、瘦身

材料 冬瓜 300 克，虾仁 50 克。

调料 盐 2 克，香油、鱼高汤各适量。

做法

1 冬瓜去皮、去瓤，洗净，切小块；虾仁去除虾线，洗净。

2 锅置火上，倒入鱼高汤大火煮沸，放入冬瓜块，大火煮沸后转小火煮至冬瓜熟烂，加入虾仁煮熟，加盐调味，淋入香油即可。

功效 虾仁脂肪含量少，肉质松软、易消化，是产后身体虚弱者极好的食物，搭配冬瓜，还有一定的瘦身功效。

蜜枣白菜汤

养颜、通便

材料 白菜 300 克，蜜枣 4 颗。

调料 姜片、盐、香油各适量。

做法

1 白菜择洗干净，切片。

2 锅中倒入清水，放入白菜片、蜜枣、姜片，大火煮沸，转中火炖 20 分钟，调入盐、香油即可。

冬瓜薏米老鸭汤　养胃、利水

材料 老鸭半只，冬瓜200克，薏米50克。

调料 葱段、姜片、盐、植物油各适量。

做法

1 老鸭收拾干净，去头、屁股和鸭掌，剁成大块；冬瓜洗净去皮，切大块；薏米洗净，冷水浸泡2小时以上。

2 锅中放入冷水，将鸭块放入，大火烧开，煮3分钟撇去血水，捞出，用清水洗净。

3 另起锅，锅中放少量油，五成热时放入葱段和姜片炒香，倒入鸭块炒至变色，然后放入适量开水和薏米，小火炖1小时后，放入冬瓜和少许盐，继续炖20分钟即可。

蜜汁糯米藕　减轻肠胃负担

材料 老莲藕500克，糯米150克。

调料 蜂蜜、糖桂花、冰糖、番茄酱各适量。

做法

1 糯米洗净，用温水泡半小时，沥干；莲藕去皮，把较大一头的蒂切掉2.5厘米，留做盖子；将糯米填入莲藕孔内，把蒂盖上，用牙签固定封口。

2 将塞好糯米的藕放入锅内，加适量水和冰糖、番茄酱，大火煮沸后改小火继续煮4个小时变至黏稠时捞出，稍微凉凉。

3 把糯米藕切成片，摆在碟中，浇上糖桂花，淋上蜂蜜即可。

山药可健脾益胃、助消化，土豆可和胃调中，宽肠通便，辅治习惯性便秘，二者搭配有助于通便、排毒、减肥。

山药糕

减肥、美容

材料 山药1000克，山楂糕、枣泥、土豆各300克。

调料 白糖适量。

做法

1 将山药、土豆均洗净，去皮，上锅蒸熟后，放凉，将二者放在一起，压成泥混合均匀，分3份。

2 将山楂糕用刀摩擦成泥，加入白糖拌匀。

3 将3份山药土豆泥用3片一样大的湿布分别叠压成厚约1厘米的片，叠放3层。

4 在每层之间各加一层山楂糕泥和枣泥，共5层。

5 食用时，切成小块，撒上白糖即可。

蒸黄瓜

清热、瘦身

材料 黄瓜 500 克，豆腐 25 克，胡萝卜、鲜香菇各少许。

调料 干淀粉、盐、香油、葱各适量。

做法

1 把黄瓜洗净，去皮切段，挖空中间的部分做成黄瓜盅。

2 胡萝卜、鲜香菇、葱切末；将一小块豆腐捣成泥，加胡萝卜末、香菇末、葱末，调入盐、香油、少许干淀粉拌匀做成馅料。将馅料酿入挖好的黄瓜盅内，用手轻轻压紧。

3 蒸锅水开后将酿好的黄瓜盅放入，大火蒸 6 ~ 8 分钟。将盘中蒸出的汤汁倒进锅中，加少许盐调味即可。

第9章

缓解产后不适的特效月子餐

产后恶露不尽

恶露不尽的原因

正常恶露一般 3 ~ 4 周会完全排净，若过期仍淋漓不断，即称为“恶露不尽”。导致恶露不尽的原因有以下几点：

1. 子宫收缩不良，子宫内膜有炎症等。

2. 胎盘、胎膜等组织残留在子宫腔内排不出来。

3. 一些药物引起，如血管扩张剂。

4. 不当食补，如过早服用过量的生化汤、过早食用麻油鸡等。

5. 产后妈妈没有休息好，引起内分泌失调，使子宫内膜增生又剥落，造成阴道出血断断续续。

6. 如果发生产褥感染，也会导致子宫内膜炎或子宫肌炎，导致恶露不尽。

改善恶露不尽的饮食原则

1. 应选择活血化瘀的食物，如油菜、山楂、莲藕等。

2. 血热、血瘀、肝郁化热的新妈妈，可以喝一些清热化瘀的蔬果汁，如藕汁、梨汁、橘汁、西瓜汁等。但要注意温热后饮用。

3. 产后服用生化汤可活血散寒、祛瘀止血，帮助排出体内恶露。但要注意服用时间，通常产后第 3 天开始服用，服用 7 ~ 10 天即可。

饮食重点

宜食促进子宫收缩的食物

饮食应以能促进子宫收缩的菜品为宜。此外，新妈妈还担负着哺乳的重任，催乳的食物也是必不可少的。

宜食养血化瘀的食物

只有促使瘀血排出、补足新血，子宫内膜才能够尽快恢复。

忌食生冷坚硬之物

生冷之物易导致瘀血滞留，可引起产后腹痛及恶露不绝。寒凉性食物如梨、柿子、西瓜、茄子、黄瓜等不宜凉着食用。

山楂红糖水　散寒活血

材料　山楂 120 克。

调料　红糖适量。

做法

1　山楂洗净，去核。

2　将山楂、红糖和适量清水放碗中，隔水蒸半小时即可。

功效　山楂能活血化瘀，是中医常用的活血通脉药物。红糖可化瘀生津、散寒活血、暖胃健脾、缓解疼痛。红糖以每天 20 克为宜，持续喝 7 ~ 10 天即可。

糯米阿胶粥　改善恶露不尽

材料　糯米 60 克，大米、阿胶各 30 克。

调料　红糖少许。

做法

1　糯米、大米分别淘洗干净，放入锅中，加适量清水煮至粥熟。

2　粥熟后，放入阿胶和红糖，边煮边搅匀，煮二三沸至红糖和阿胶化开即可。

功效　阿胶具有养血补血的功效，糯米也有补血的作用，两者熬粥吃，对于产后阴血不足、血虚生热引起的恶露不尽有调理作用。

产后贫血

产后贫血的症状表现

轻度贫血者主要表现为头晕、昏昏欲睡、身体虚弱、乏力、低热、指甲和嘴唇苍白、烦躁或抑郁等症状；中重度贫血者则可能引起子宫脱垂、内分泌紊乱、经期延长、抵抗力下降等。

不同类型的贫血，补充相应的造血原料

1. 缺铁性贫血：需补充含铁丰富的食物，如动物肝脏、瘦肉、动物血、蛋黄、黄鱼干、虾仁、菠菜、豆腐干等。以上食物以动物血、动物肝脏最佳。

2. 叶酸和维生素 B_{12} 缺乏性贫血：应补充动物肝及肾、瘦肉、绿叶蔬菜等。

3. 蛋白质供应不足引起的贫血：应补充瘦肉、禽肉、豆制品。

饮食重点

合理安排饮食，不可长期偏食

多吃不同种类的食物，使自己得到更加全面的营养。如果没有胃口，可以吃山楂、鸡内金等开胃。食物的摄入必须安排合理，比如铁不能和草酸、鞣酸一起摄入；忌吃生冷辛辣、油腻、难消化的食物；忌饮用咖啡、茶等。

补铁别忘了补维生素 C

补充维生素 C 可以提高铁在人体内的吸收和利用率。维生素 C 含量高的食物有柑橘、葡萄柚、苹果、胡萝卜、白菜等。

鸭血木耳汤　改善气血两虚

材料　鸭血 200 克，水发木耳 50 克。

调料　姜末 5 克，盐 3 克，水淀粉、香油各少许。

做法

1　鸭血洗净，切成 3 厘米见方的块；水发木耳洗净，用手撕成小片。

2　锅置火上，加适量清水，煮沸后放入鸭血、木耳、姜末，再次煮沸后转中火煮 10 分钟，用水淀粉勾芡，加入盐，淋香油即可。

功效　鸭血木耳汤可补血止血、润肠清肠，对产后气血两虚有很好的滋补作用。

百合白果牛肉汤　补血、滋阴

材料　牛肉 200 克，白果 20 克，百合 30 克，红枣 5 枚。

调料　盐 4 克，姜片、香油各适量。

做法

1　牛肉洗净，切薄片，焯烫；白果去壳，用水浸去外层薄膜，洗净；百合洗净，泡软；红枣洗净，去核。

2　汤锅内倒入适量清水烧沸，放入红枣、白果和姜片，用中火煲至白果将熟，加入牛肉片、百合，继续煲至牛肉片熟软，加盐调味，淋入香油即可。

功效　百合、牛肉能补铁补血、安神助眠，搭配白果，还有一定的养颜功效。

产后缺钙

产后缺钙的原因

因为哺乳的需求，产后新妈妈的钙流失速度非常快；在经期未复潮前，其骨骼更新钙的能力较低，所以会引发骨质疏松、腰酸背痛、足跟痛以及牙齿松动等产后缺钙症状。

产后缺钙的调理

1. 少量多次补钙效果好。在吃钙片的时候，可以选择剂量小的钙片，每天分2~3次口服。

2. 选择最佳的补钙时间。补钙最佳时间是晚饭后半小时，因为血钙浓度在后半夜和早晨最低，最适合补钙。

3. 补钙同时适量补充维生素D。除了服用维生素D制剂外，维生素D也可以通过晒太阳的方式在体内合成。每天只要在阳光充足的室外活动半小时就可以合成足够的维生素D。

饮食重点

吃富含钙的食物

选择奶及奶制品、豆制品、坚果、菌类、动物内脏，这些食物的钙含量比较高。

适量摄入维生素D

维生素D能够促进钙吸收，及时正确地补充维生素D对改善产后缺钙很重要，海产品、菌菇等都含有维生素D。

补钙的同时应补充蛋白质

蛋白质消化分解为氨基酸，尤其是赖氨酸和精氨酸，会与钙结合形成可溶性钙盐，利于钙的吸收。

鱼头豆腐汤　补充钙及维生素 D

材料　鱼头 500 克，豆腐 300 克。

调料　盐、葱段、姜片、料酒、胡椒粉各适量。

做法

1　鱼头洗净，从中间切开，用纸巾蘸干表面的水；豆腐洗净，切成大块。

2　锅中倒入植物油，待油七成热时放入鱼头，煎至两面金黄，盛出；锅留底油，放入葱段、姜片爆香，放入鱼头，加入料酒，倒入适量开水没过鱼头，大火煮开后转中火煮 15 分钟，放入豆腐块，调入盐和胡椒粉，继续煮 10 分钟即可。

清蒸三文鱼　补充蛋白质

材料　三文鱼肉 300 克。

调料　葱丝、姜丝、盐、香油各适量。

做法

1　三文鱼肉洗净，切段，撒少许盐抓匀，腌渍 30 分钟。

2　取盘，放入三文鱼，放上葱丝、姜丝、香油，大火蒸 8 分钟即可。

功效　三文鱼富含蛋白质，常食有利于钙吸收，还有健脑作用。

产后腹痛

产后腹痛的原因

产后腹痛主要是生完宝宝之后子宫收缩时引起的收缩痛，因此，产后腹痛又称宫缩痛，属于生理现象，一般不需治疗。若腹痛阵阵加剧，难以忍受，影响产妇康复，则属于病态，多是由气血运行不畅、瘀滞不通引起的，需及时就医。

产后腹痛的缓解办法

1. 热敷缓解。产后腹痛时，可以将盐炒热，敷熨腹部；或生姜 60 克，水煎，用毛巾浸生姜水热敷小腹。

2. 按摩缓解。产妇也可自己按摩小腹：先搓热手掌，以关元穴为圆心，用手掌在小腹部做环形推摩，顺时针方向 50 圈，逆时针方向 50 圈，每日 1～2 次。可起到活血、行气、散寒的功效，有助于缓解疼痛。

饮食重点

饮食以清淡为主

产妇刚分娩完，身体较为虚弱，应食用清淡、易消化的食物。

可适当食用养血食物

产妇分娩后，宜食用羊肉、鸡肉、山楂、红糖、红豆等食物，能起到养血理气的作用。

远离刺激性食物

产妇身体虚弱，再加上产后腹痛，更不应该吃生冷的食物，如冷饮、啤酒等；或容易引起胀气的食物，如黄豆、蚕豆、零食、甜食等。

蜜枣白菜羊肉汤 **缓解腹痛**

材料 羊肉300克，白菜100克，蜜枣、杏仁各适量。

调料 盐适量。

做法

1 羊肉洗净，切块，焯水；白菜洗净，切片；蜜枣、杏仁分别洗净。

2 羊肉块、蜜枣、杏仁放入锅中，加入适量清水，大火煮沸后转小火煲2小时，加入白菜片略煮，调入盐即可。

功效 羊肉可补体虚、祛寒冷、补气血、益肾气，对产后大虚或腹痛有很好的缓解作用。搭配红枣，调理气血效果更佳。

薏米鸡汤 **滋补元气**

材料 鸡1只，薏米50克，党参10克。

调料 姜片、葱花、盐、胡椒粉、料酒各适量。

做法

1 鸡治净，剁成块，放入沸水中焯烫后捞出；党参、薏米洗净。

2 砂锅中加入适量清水，放入焯烫好的鸡块、薏米、盐、姜片、党参、葱花、胡椒粉、料酒，大火烧开后撇去浮沫，改小火慢炖2小时即可。

功效 薏米鸡汤是女性养身、养颜的佳品。鸡肉、薏米、党参都具有健脾补胃、滋补元气的功效，对防治产后脾肾虚寒、腰膝酸软、腹痛有益。

★ 产后乳房胀痛 ★

产后乳房胀痛的原因

有些新妈妈在产后第3天双乳开始胀满、疼痛、出现硬结，甚至延至腋窝的副乳，伴有低热，这主要是由于静脉充盈、间质水肿以及乳腺管不畅所致的乳房胀痛。严重者乳汁不能排出，乳头水肿，致使乳汁在乳房内淤滞而形成硬结，如果副乳有乳汁淤滞，也可导致乳房胀痛。

缓解乳房胀痛的办法

1. 早开奶，让宝宝多吸吮。吸吮动作可促使乳腺管开放，并及时将乳汁排出，减少乳汁淤积。

2. 热敷。乳腺管通畅而乳汁分泌过多时，乳房也会出现胀痛。这种情况可使用热敷的方式来缓解。热敷能通畅阻塞于乳腺里的乳块，从而促进乳房的正常循环。但需注意，由于乳头与乳晕这两个部位的皮肤较嫩，热敷时应避开。

饮食重点

饮食要清淡

鲫鱼汤、丝瓜汤等较清淡的汤品，有利于乳汁分泌，减轻乳房胀痛。

选择低脂高纤饮食

高纤食物可以帮助体内清除过量的雌激素，有助于缓解乳房疼痛。

远离刺激性食物

食用刺激性食物容易上火，加重乳房胀痛。

玉米丝瓜络汤　消肿、解毒

材料　玉米100克，丝瓜络50克，橘核10克，鸡蛋1个。

调料　冰糖适量。

做法

1. 将鸡蛋打散备用，将玉米、丝瓜络、橘核加水熬煮1小时。
2. 将蛋花浇入汤锅中，然后加入冰糖调匀即可。

功效　玉米能调节内分泌和新陈代谢，帮助排除体内的毒素；丝瓜有清热化痰、凉血解毒、通经活络的功效；橘核可理气、消肿散毒。三者搭配对乳房肿块有很好的疗效。

海带生菜汤　软坚散结

材料　海带、生菜各100克。

调料　姜、葱、香油、盐适量。

做法

1. 将姜、葱、海带放入清水中，一起煲30分钟。
2. 起锅前放入生菜、香油，用盐调味即可。

功效　海带具有软坚散结、消除疼痛、缩小肿块的作用；生菜富含维生素、多种矿物质等，可以促进胃肠道的血液循环。海带和生菜搭配，能够清热散结，调理乳腺胀痛。

产后便秘

产后便秘的原因

产后便秘是指新妈妈产后正常饮食，但接连好几天都不排大便或排便时干燥疼痛、难以排出的现象。产后活动减少，腹肌和盆肌组织松弛，肠蠕动减少，且多进食少油食物，容易发生便秘。

产前曾经灌肠的产妇，产后 2～3 天才会解大便；若产前没有灌肠者，产后 1～2 天就有可能首次排便。一旦在产后超过 3 天还没有解大便，就应注意是否发生了便秘。

产后便秘的缓解妙招

1. 深长的腹式呼吸：呼吸时，膈肌活动的幅度较平时增加，能促进胃肠蠕动。

2. 腹部自我按摩：仰卧在床上，屈双膝，两手搓热后，叠放在肚脐上，以肚脐为中心，顺时针方向按揉。每天 2～3 次，每次 5～10 分钟。

3. 吸推排便法：把手放在腹部上，收缩腹部肌肉，让肚子变平坦、腰部变宽，这叫“吸”；再做相反的动作，这叫“推”。做 10 次吸推动作后，再长时间（3～5 秒）做一个推的动作。做这个动作的时候要放松盆底肌。

饮食重点

适当喝汤水：使肠道得到充足的水分，以利于肠内容物通过。

多吃些富含膳食纤维的新鲜蔬果：比如芹菜、胡萝卜、大白菜、莲藕、苹果、梨等，对防止产后便秘非常有益。

饮食多样化：做到荤素搭配、粗细搭配，适当补充一些高蛋白食物，比如豆腐、瘦肉等。

蜜汁炒红薯　缓解便秘

材料　红薯500克，玉米粒50克，蛋黄1个，松仁30克。

调料　蜂蜜、桂花酱各适量。

做法

1 红薯洗净，放入烧沸的蒸锅中蒸20分钟，取出凉凉，用勺子刮成泥，放入蛋黄、松仁和玉米粒，搅匀。

2 锅置火上，松仁烧热，放入红薯泥，小火翻炒至不粘锅，淋入蜂蜜，放上桂花酱即可。

功效　红薯富含膳食纤维，可以促进肠胃蠕动，缓解新妈妈便秘。

芹菜肉丝粥　通便、降脂

材料　大米、猪瘦肉各50克，芹菜150克。

调料　盐适量。

做法

1 大米淘净，加水煮粥；芹菜洗净，切成小段；猪瘦肉洗净，切成细丝，用盐腌渍。

2 大米粥煮好后，放肉丝和芹菜段，小火煮5分钟即可。

功效　芹菜富含膳食纤维，不仅可以起到缓解便秘的作用，还具有降血脂等功效。与瘦肉熬粥食用，还能补充蛋白质和锌、铁。

产后尿失禁

产后为什么会尿失禁

有些新妈妈产后可能会出现尿失禁，每次咳嗽、大笑时，都会有尿液漏出来，或者每次排尿总感觉排不干净。尿失禁是由于怀孕、生产过程中损伤了膀胱周围的支撑组织，导致尿液固摄功能下降而引起的。

缩肛运动改善尿失禁

缩肛运动就是有规律地往上提收肛门，然后放松，通过一提一松的运动锻炼盆底肌肉，可改善尿失禁，还能促进局部血液循环，预防痔疮。收缩、放松肛门，每次 3 秒，重复 10 次，此为一组。可以用坐位、站立、躺下 3 种不同的体位分别做一组，每天至少练习 2 次。

1. 端坐在床上，双腿分开，双脚脚心相对，双手自然放在膝盖上。

2. 合拢双腿，同时用力收缩肛门，再分开放松肛门。重复动作，3 次为一组。练习时间视身体情况而定。

饮食重点

多吃新鲜蔬菜、水果

蔬菜、水果等富含膳食纤维，可改善便秘，减轻腹压对盆底肌肉的压力，缓解尿失禁。

适量吃黄芪、党参

黄芪有补中益气、补气升阳的作用，可益肾固精，缓解尿失禁症状。用黄芪做粥给新妈妈食用，效果较好。党参有补中、益气、生精的功效，常食可以防止尿失禁。

黄芪红枣乌鸡汤 益肾固精

材料 乌鸡250克，红枣20颗，黄芪20克。

调料 盐3克。

做法

1 乌鸡洗净，剁成块，焯去血水；红枣洗净，去核；黄芪择去杂质，洗净，装入纱布袋中。

2 锅置火上，放入乌鸡、红枣、黄芪，倒入清水，没过锅中食材，大火烧开后转小火煮至乌鸡肉烂，取出黄芪，加盐调味即可。

功效 黄芪可补气升阳、益肾固精，乌鸡可滋阴清热、补肝益肾，尤其适合产后体虚食用。

红枣党参牛肉汤 补中益气

材料 红枣4枚，党参15克，牛肉200克。

调料 盐3克，姜片10克，香油少许，牛骨高汤适量。

做法

1 红枣洗净，去核；党参、牛肉分别洗净，切片。

2 将红枣、党参片、牛肉片放入锅中，放牛骨高汤，加姜片，大火烧沸，然后改用中火煲1小时，加盐调味，滴上香油即可。

功效 党参可补中益气、生精，与红枣、牛肉搭配，还可防治产后贫血。

产后尿潴留

产后尿潴留的原因

新妈妈在分娩后甚至月子中不能正常排尿，但膀胱处于充盈状态，就有可能患上了尿潴留。造成尿潴留的原因可能是产程太长，胎头压迫膀胱而使膀胱内膜水肿、充血，暂时失去收缩力；或者因为会阴伤口疼痛，引起尿道括约肌反射性痉挛而造成排尿困难等。尿潴留有完全性和部分性两种，都会影响子宫收缩，导致阴道出血量增多，还会造成产后泌尿系统感染，给新妈妈带来巨大的痛苦，所以应及时治疗。

促进排尿的妙招

1.听流水声促使排尿发生。新妈妈如厕时可以打开一旁的水龙头，听听流水声，利用条件反射破坏排尿抑制，产生尿意，促进排尿发生。

2.开水熏会阴。在临时坐便器（药店有售）中倒入热水，水温控制在50℃左右，然后坐在上面，让热蒸汽充分熏到会阴部，每次5～10分钟。这种方法可以促进膀胱肌的收缩，有利于排尿。临时坐便器较矮的话，可以放在小凳子上。

3.局部热敷促排尿。用热水袋热敷小腹部，冷却后加热再敷，有利于排尿。

4.穴位按摩防治产后尿潴留。按摩关元穴（身体前正中线上，肚脐直下约3寸处）能促进尿液排出，预防产后尿潴留的发生。按摩时以关元穴为圆心，用手掌做逆时针及顺时针方向摩动3～5分钟，然后随呼吸按压关元穴3分钟。按摩气海穴（从肚脐中央向下量1.5寸处）能辅助治疗产后小便不利等症状。按摩时用拇指或食指指腹按压气海穴3～5分钟，力度适中。

饮食重点

未发生尿潴留：新妈妈要多喝水、多喝汤，增加尿量，既可以预防尿潴留，还能清洁尿道。

已发生尿潴留：新妈妈应该少喝汤水，尽量减少膀胱负担。

薏仁酸奶 补钙、利尿通便

材料 薏米50克，原味酸奶200克。

做法

1 薏米淘洗干净，加水浸泡2小时，放入锅中煮至软烂。

2 将煮好的薏米捞出，凉凉。

3 将薏米和酸奶全部放入搅拌机中，搅拌均匀即可。

功效 薏米有健脾利湿的功效，可以促进水分的新陈代谢，有利尿消肿的作用，搭配酸奶，还能润肠通便。

玉米须苦丁茶 利尿消肿

材料 苦丁茶2克，干玉米须10克。

做法

用开水冲服，每日早晚饮用。

功效 有利尿作用，适合水肿、高血压、肥胖的新妈妈。

产后水肿

产后水肿跟哪些因素有关

孕晚期，有的孕妇会因子宫变大，压迫下肢静脉，影响了血液循环而引起水肿，有些在产后坐月子期间还无法消退。

新妈妈由于内分泌系统受怀孕的影响，身体水分代谢出现变化，出于一种生理的特殊需要，使多余的水分潴留体内，表现为水肿，典型症状就是下肢水肿。

缓解产后水肿的妙招

1. 泡脚缓解水肿。中医认为，产后水肿是因为某些脏腑的功能障碍造成的，一般会涉及肺、脾和肾三脏，可分为脾胃虚弱造成的水肿和肾气虚弱造成的水肿。因为人体的6条主要经络，膀胱经、胃经、胆经的终止点，脾经、肝经、肾经的起始点都在脚上。新妈妈每天晚上泡泡脚，等于刺激了这6条最主要的经络，有助于改善脏腑功能、促进血液循环，缓解产后水肿。注意泡脚后要及时擦干，保暖，避免受风。

2. 按摩双腿，缓解水肿。新妈妈可以通过按摩双腿来减轻水肿。具体方法：用两只手捏住小腿肚的肌肉，一边捏一边从中间向上下按摩，不断改变按捏的位置，重复做5次。两手一上一下握住小腿，像拧抹布一样拧小腿肚肌肉，从脚踝开始往膝盖处拧，重复做5次。两手握住小腿，大拇指按住小腿前面的胫骨，从上往下按摩，重复3次。

饮食重点

清淡饮食，不要吃过咸的食物

少吃或不吃难消化和易胀气的食物，如油炸的糯米糕、白薯、洋葱等，低盐饮食，每天3~5克盐摄入，小心隐形盐（调料、食品里）。

少吃高热量食物

少吃高热量食物有助于消除水肿，可以多吃脂肪较少的肉类或鱼类。

睡前少喝水

虽然不必控制新妈妈的饮水量，但睡前尽量不要喝太多水。

薏米赤小豆汤 利水消肿

材料 薏米、赤小豆各30克。

做法

1 薏米、赤小豆洗净，浸泡2小时。

2 将薏米、赤小豆倒进电饭锅煮开，煮开后继续煲2小时即可。

功效 赤小豆含有较多的皂角苷，可刺激肠道，有良好的利水功效，与薏米搭配则效果更佳。

海米冬瓜 改善水肿

材料 冬瓜400克，海米20克。

调料 葱花、姜末各5克，盐2克，料酒10克。

做法

1 冬瓜去皮，洗净，切片，用盐腌5分钟，滗水，过油，捞出；海米用温水泡软。

2 锅内倒油烧热，爆香葱花、姜末，加水、盐、海米、料酒翻炒，放冬瓜片烧入味即可。

功效 冬瓜含有充足的水分，具有清热毒、利排尿、消水肿等功效；海米是钙的较好来源，二者做汤，非常适合产后虚弱水肿的新妈妈食用。

产后风

导致产后风的原因

中医认为产后风是因分娩时用力，失血过多，气血不足，筋脉失养，肾气虚弱，或因产后体虚，起居不慎，居住环境潮湿阴冷，受风寒，使气血运行不畅所致。具体来说有以下几个原因：

1. 产后大量出汗而没有做好保暖，感受风寒。
2. 产妇所住的房屋潮湿阴冷。
3. 产妇吹到了对流风。
4. 产妇劳累或经常碰凉水。
5. 过早开始性生活。

产后风的日常保健护理

1. 补益气血、培补肾气。产后风很多是子宫虚损，子宫通肾气，所以要培补肾气，肾气壮了，气血足了，患者怕风怕冷的症状就能明显缓解。

2. 三分治，七分养。治疗产后风，如果调养不当，只靠吃药，效果会大打折扣。如睡眠不足、生闷气等都会影响气血运行。

3. 重在慢治，不在急治。产后风通常 3 个月内会有所好转，但真正恢复正常则要半年或一年的时间，这是整体身体素质的提高，不是单一病的治疗问题。

饮食重点

吃些温热性的食物

温热性的食物可以帮助祛除体内的寒气，有助于身体健康。比如说樱桃、桂圆、猪肝、鸡肉、羊肉等。

吃有益气补血、散风除湿之功的食物

如红枣、木耳、薏米等，对于女性产后风的恢复有帮助。

子姜炒羊肉 散寒补身

材料 羊肉200克，子姜70克，青甜椒、红甜椒各30克。

调料 葱丝15克，料酒10克，盐3克，醋适量。

做法

1 羊肉洗净，切丝；子姜洗净，切丝；甜椒洗净，去蒂、去子，切丝。

2 将羊肉丝放入碗内，加料酒和盐腌渍10分钟。

3 锅内倒油烧热，爆香姜丝，将羊肉丝、甜椒丝、葱丝下锅煸炒，烹入料酒，加盐调味，淋少许醋即可。

功效 疏风解表、散寒补身。

腐皮腰片汤 补肾、理气

材料 豆腐皮100克，猪腰1个。

调料 葱末、姜末各10克，料酒8克，盐2克。

做法

1 猪腰切开，去净筋膜，用清水浸泡去血水，洗净，切片，焯水；豆腐皮洗净，切菱形片。

2 锅置火上，倒油烧至七成热，炒香葱末、姜末，放入猪腰片和豆腐皮翻炒均匀，淋入料酒，加入适量清水，大火烧开后转小火煮至猪腰片熟透，加盐即可。

功效 有助于调理产后肾气虚弱、四肢疼痛。

产后抑郁

产后抑郁情绪容易被忽视

新妈妈由于产后生理和内分泌的变化，加之身份的转变，若调适不好很容易患产后抑郁。患有产后抑郁的新妈妈多会感到不安、伤心、焦躁、失落、易怒、敏感、注意力不集中，觉得自己很委屈，对自己的能力和生活产生质疑，严重时还会出现不思饮食、心悸、出汗、头晕、失眠，甚至有自杀倾向。

然而，产后抑郁往往容易被新妈妈自己、家人所忽视，常常误以为这是产后虚弱等因素所致。因此，新妈妈要及时反思、调整心态，家人也要多留心观察新妈妈的心理变化。

产后抑郁情绪的自我调节

1. 转移注意力。做一些自己喜欢的事情，把注意力从不愉快的事情上转移开。

2. 沟通交流。和已经生育过的朋友交流经验，参加一些产后运动训练课程，或者将自己的情况如实告诉家人，让家人了解你最需要什么。勇于寻求和接受帮助，是解决产后抑郁的积极方式。

3. 行为调整。适当进行一些放松活动，如深呼吸、散步、打坐、冥想、听舒缓的音乐等。

饮食重点

多食B族维生素含量丰富的食物

B族维生素是维持机体神经系统的重要物质，也是构成神经传导的必需物质，能够有效缓解心情低落、全身疲乏、食欲缺乏等症状。富含B族维生素的食材有鸡蛋、深绿色蔬菜、牛奶、谷类、芝麻等。

多吃富含钾的食物

如香蕉、瘦肉、猪心、坚果类、绿色蔬菜、番茄等富含钾，可稳定血压及情绪。

睡前吃香蕉配酸奶

既有助于改善睡眠，又可催乳。

香蕉粥　缓解抑郁

材料　大米30克，香蕉1根。

调料　冰糖5克。

做法

1 大米淘洗干净，用水浸泡半小时；香蕉去皮，切丁。

2 锅置火上，倒入适量清水烧开，倒入大米，大火煮沸后转小火煮至米粒熟烂，加香蕉丁煮沸，放入冰糖煮至化即可。

功效　香蕉具有“快乐水果”的美誉，它含有的色氨酸、钾等成分，可以缓解紧张、减轻压力，进而改善抑郁情绪。

莲子红枣银耳汤　安神解郁

材料　干银耳4朵，干莲子10克，红枣5颗。

调料　冰糖适量。

做法

1 干银耳用清水泡发，洗净，去蒂，撕成小朵；干莲子洗净，用清水泡透，去心；红枣洗净。

2 砂锅倒入适量温水置火上，放入银耳、莲子、红枣，倒入没过锅中食材三指的温水，大火煮开后转小火煮1小时，加冰糖煮至化即可。

功效　红枣银耳莲子汤是传统的滋补月子餐，能清心除烦、安神解郁、养颜润肤。

玉米粥

预防抑郁症

材料 大米 100 克，嫩玉米粒 50 克。

做法

1. 大米淘洗干净，加入嫩玉米粒拌匀，放入锅中，加水浸泡 30 分钟，捞出。
2. 锅置火上，倒入适量清水大火烧开，放入大米和嫩玉米粒，煮沸后改小火继续熬煮，煮至米粒软烂即可。

玉米富含微量元素，玉米粒中的纤维还有助于改善肠道功能。研究表明，其不仅能促进消化，而且有助于心理健康，包括预防抑郁症。